NEUROBIOLOGIA DEL INTELECTO

LIBRO QUINTO

"SENSOPERCEPCIONES"
INTEGRACION SENSORIAL
ONTOGENIA DE LOS SENTIDOS

ENSAYOS NEUROEPISTEMOLÓGICOS

YURI Q. ZAMBRANO, M.D.

2014

EDITORES

NEUROBIOLOGÍA DEL INTELECTO
LIBRO QUINTO:
"SENSOPERCEPCIONES - INTEGRACION SENSORIAL" Ontogenia de los Sentidos.
Ensayos Neuroepistemológicos.

Primera Edición.

Copyright © 2014, By Yuri G. Zambrano. Respecto a la primera edición de **NBI EDITORES** en español, para todos los libros del autor asociados a NEUROBIOLOGIA DEL INTELECTO y *SUMMA NEUROBIOLOGICA*.

NBi
EDITORES
(E-mail: neuronalself@gmail.com)

International Standard Book Name:
ISBN **978-1-291-72411-0**

Prohibida la reproducción total o parcial de esta obra, Por cualquier medio sin la autorización escrita del editor.

IMAGEN EN PORTADA: "DESINTEGRACION CALEIDOSCOPICA" a partir de *L'Odalisque,* Henri Decaisne, 1827.

Diseño e Impresión: NBI Editores

Impreso en México.

Arial 12 pts. mayor parte del texto y Bibliografías en Times New Roman, 10 pts. Títulos y estilo acordes a convenciones generales. Gráficas debidamente reseñadas y bibliografiadas, según derechos internacionales de autor.

¿Cuándo comienza el aprendizaje?

Hay una brecha considerable entre conocer el nombre de las cosas, **re**-conocer el nombre de esas cosas, y entender finalmente tales cosas.

Cuando creemos comprenderlas, apenas nace el concepto.

A todo eso, hay que darle vueltas constantemente!

Tenochtitlan, Enero 22, 1989.

Le Faux Miroir, 19 x 27 cm. Óleo sobre tela.
Museo de Arte Moderno de Nueva York
René Magritte, 1928

Contenido

LIBRO QUINTO

I   Proemio a la edición global III
II. *Summa neurobiológica* V
III. Prefacio al Libro Quinto XI
IV. Justificación de la Portada XIII
IV. Creencia Neurobiológica XV
V. Mención Referencial XVII
VI. Acrónimos XIX

INTEGRACION SENSORIAL
Ontogenia de los Sentidos

El Procesamiento de las Sensaciones   1

MÓDULO 18

LA GÉNESIS PARA CADA UNO TIENE SENTIDO

18.1   El Olfato 4
18.2   Hasta la Vista 6
18.3   De Oído 8
18.4   Cuestión de Gusto 10
18.5   ¿Falta de Tacto ? 12

MÓDULO 19

LAS VIAS DE PROCESAMIENTO SENSORIAL

19.1   La Vía Olfatoria ....,,,,,,,, 15
19.2   De la Retina al Occipital 18

19.3 La Senda del Soni-do 22
19.4 El Gusto es Mío 25
19.5 La Vía de Procesamiento Tactil 29
    19.5.1 Procesamiento al Dolor y la Temperatura 31

MÓDULO 20

COMO ACTÚAN

20.1 Tras la búsqueda de un mapa codificador olfatorio 34
20.2 La Fototransducción: Del Fotón a la Contribución Química para la Imagen 42
    20.2.1 El Papel del Calcio y el GMPc.................... 45
    20.2.2 ¿Respuestas Cuánticas en La visión? 51
    20.2.3 Por último el Femtosegundo 52
20.3 La Localización del sonido 56
    20.3.1 El *Qué* y el *Dónde* de la vía Auditiva 60
20.4 La Biología Molecular del Dejarte picado 64
    20.4.1 La Capsaicina y sus 43 Grados 68
20.5 Discriminación Sensorial 72
    20.5.1 Los Campos Receptivos 75

Excerpta Sucinta 85
Bibliografía 87

PROEMIO PARA LA EDICION TOTAL

Después de mucho considerarlo y ponderar si "Neurobiología del Intelecto", — un tratado sobre el devenir de la neurobiología y sus aplicaciones a las funciones cognitivo-intelectuales y concienciales—, debería ser fraccionado; se decidió realizar la edición de esta apoteósica obra - con más de 1500 hojas (en A4) -, integrando publicaciones más breves. Es decir, volúmenes con exégesis a manera de *epítomes* o compendios como si fueran excerptas que pudiesen ser digeribles y más abiertas al lector interesado en dilucidar los enigmas que la neurobiología nos ofrece, para entender, el cómo se estructura el curso del pensamiento intelectual.

Originalmente la obra, fue finalizada hace 10 años, en más de 64 módulos con apéndices algorítmicos que sustentan la teoría de la epistemología neuronal (TEN). Estos módulos, obedecen a la nueva perspectiva de procesamiento neuronal, basada en modelos distribuidos, donde la información es procesada jerárquicamente en columnas neuronales; siguiendo además, los cánones de reverberación sináptica Hebbiana, útiles para consolidar los procesos de memoria y aprendizaje.

La obra está dispuesta en cinco partes, dividida didácticamente en módulos, iniciando desde conocimientos muy superficiales hasta la explicación de complejos mecanismos de procesamiento neuronal que se dan en las funciones de alto orden conciencial.

Así pues, la primera parte relaciona a la infraestructura del pensamiento, describiendo la función integral molecular de la neurona hasta los mecanismos que se utilizan para generar información coherente y sincronizada produciendo actividad intelectual. La segunda y tercera partes, tratan sobre fisiología y dinámica neuronal integrativa, desde la función biofísica de canales iónicos y la liberación de neurotransmisores, hasta la explicación de la integración de redes neuronales por mecanismos de retropropagación y algorítmicos. Las dos partes finales, contienen módulos de función cerebral superior como mecanismos de memoria e integración conciencial, describiendo la actividad neuronal que subyace en los estados amplificados de la conciencia, y también en los estados básicos de conciencia.

En esta colección de volúmenes, el autor, en titánica recopilación, busca la actualización de sus bibliografías con casi 30 años de estudio en el tema, y además orientándolo por primera vez en español, hacia la Neuroepistemología; recurriendo al método científico, a la investigación en conciencia y a las redes neuronales que la generan; completamente analizadas desde el punto de vista de la TEN.

Este trabajo se presenta como una alternativa inicial, útil para diversificar el pensamiento y abrir opciones de búsqueda a nuevos investigadores que objetivamente, conforman la substancia de la esperanza humana.

A continuación la *summa neurobiológica* original, de la que se desglosarán las exégesis pertenecientes a "Neurobiología del Intelecto".

YURI ZAMBRANO

NEUROBIOLOGIA DEL INTELECTO

"SUMMA NEUROBIOLÓGICA"

- PARTE I -
INFRAESTRUCTURA DEL PENSAMIENTO

1. QUÉ ES LA NEUROBIOLOGÍA.

Módulo

1. De los Diversos Aspectos de la Neurobiología
2. De sus Herramientas Experimentales
3. Perspectiva Pragmático-Evolutiva de la Neurobiología Conductual
4. La Neuroimagen: una Estación de Relevo Futurista

2. El Fascinante Sistema Nervioso:
LA COMPLEJA MAQUINARIA FUNCIONANDO

Módulo

5. Principios Básicos Neuroanatómicos
6. Neurogénesis

LAMINAS ANEXAS

3. LA ULTRANEURONA,
O EL PARADIGMA DE LA ESPECIFICIDAD

Módulo

7. Cómo Funciona
8. El Tráfico Endosómico de Proteínas
9. La Personalidad De Las Neuronas
10. El Sorprendente Escenario Cerebelar
11. Sinaptogénesis y Guía del Axón.

4. "EN BUSCA DEL PENSAMIENTO PERDIDO..."
Algunas Disquisiciones sobre La Frenología
y La Topografía Cortical

Módulo

12. Aproximaciones al Estudio de la Fisiología Cortical
13. El Mapeo Cortical como Herramienta en la Comprensión De La Función Cerebral.
14. Estratificación Cortical y Corticogénesis
15. La Artesanía Cortical y la Emergencia de las Funciones Cerebrales Superiores.
16. Asimetría Hemisférica
17. Cómo se genera la imagen mental

- PARTE II -
LA DINAMICA NEURAL

A. IMPLICACIONES PARA UN MECANISMO OPERACIONAL

5. ONTOGENIA DE LOS SENTIDOS Y SUS VÍAS DE PROCESAMIENTO
El procesamiento de las sensaciones

Módulo

18. La Génesis Para Cada Uno, Tiene Sentido.
19. Las Vías De Procesamiento Sensorial
20. Cómo Actúan

6. APOPTOSIS Y MUERTE NEURONAL.
(Vida, Obra y Realidades De Un Sistema Neural)

Módulo

21. La Regeneración Neuronal y Las Perversiones Neurotróficas
22. La Totipotencialidad Celular y el Recambio Neuronal
23. El Sacrificio Neuronal Programado
24. La Diversidad Terapéutica de la Regeneración Neuronal

B. DE LA CONFLUENCIA DE LOS ELEMENTOS

7. DE LOS IONES A LA MEMBRANA.

Módulo

25. El Movimiento de Iones y La Generación Del Potencial De Acción
26. De Los Fundamentos Integrativos Para la Comunicación Neuronal.
27. Proteínas De Predominio Transmembranal Implicadas en la Comunicación Neuronal.
28. La Crítica Señalización Intracelular

8. ATENCIÓN: SINAPSIS TRABAJANDO

Módulo

29. Componentes Electroquímicos De La Sinapsis
30. Liberación De Neurotransmisores
31. Modulación Presináptica e Integración Neuronal

- PARTE III -
REDES NEURONALES

9. EL PROCESAMIENTO DE LA INFORMACIÓN INTELECTUAL

Módulo

32. El Centro de Múltiples Correspondencias
33. Redes Neuronales que son Imprescindibles
34. Importancia de los Neurotransmisores en la Modulación de las redes neuronales

10. QUÉ ES UN MODELO NEURONAL.

Módulo

35. De La Neurobiología Experimental Clásica a la Yoctocomputación
36. El modelo Neural del Proceso Matemático

11. HACIA UNA NUEVA CONCEPCIÓN DEL PROCESAMIENTO NEURONAL

Módulo

37. Conceptos Clásicos
38. Modelos Alternos De Procesamiento en las Funciones Cerebrales Superiores
39. Conexionismo
40. El Modelo Conexionista para acceder a la Fenomenología de la Conciencia

APENDICE ALGORITMICO DE LA TEN
(Incluye Sub-Apéndice Cuántico)

- PARTE IV -
LAS APLICACIONES DE ALTO ORDEN

12. BASES MOLECULARES PARA GOZAR DE UNA MEMORIA SORPRENDENTE

Módulo

41. Bases Neurofisiológicas y Moleculares de la Memoria
42. El Papel De Los Promotores Genéticos

13. LOS SISTEMAS DE MEMORIA Y LAS CORTEZAS DE ASOCIACIÓN

43. Sistemas De Memoria y sus Mecanismos de Almacenamiento y Recuperación
44. Su Relación con el Lóbulo Temporal
45. La Corteza Prefrontal

14. DEL OLVIDO AL NO ME ACUERDO
(Memoria Emocional y Afectiva)

Módulo

46. La Integración de la Respuesta Emocional
47. La Memoria Y Las Hormonas
48. Las Emociones: ¿Se Archivan? O Se Descartan...

15. HABLANDO SE ENTIENDE LA GENTE

Módulo

49. La Conformación Evolutiva del Lenguaje
    y la Disociación Neural
50. Cómo se Genera la Adquisición del Lenguaje
51. La Arquitectura Neural del Lenguaje Articulado

- PARTE V -
NIVELES DE CONCIENCIA Y COGNICIÓN

16. CONCEPCIÓN NEUROBIOLÓGICA DE LA CONCIENCIA

Módulo

52. Quién es ese «Sí Mismo» que Tanto Mientan.
53. Las Bases Neurobiológicas que Permiten
    Concebir el Problema
54. El Enfoque Neurofísico Conciencial
    y el Mapa Neurobiológico de la Mente

17. LOS NIVELES DE PERCEPCIÓN EN LA CLÍNICA DE LA CONCIENCIA

Módulo

55. Sueño y Coma, La Clínica Imperativa
    Tras La Conciencia
56. Anomalías en la Percepción, que Indican Graduación Conciencial
57. Bases Neurales para la Cognición Ultrasensorial
58. Epilepsia: La Importancia del Aura como Nivel de Conciencia

18. LOS NIVELES DE LA PERCEPCIÓN EXTRASENSORIAL

Módulo

59. Estados Alterados y Ampliaciones de la Conciencia
60. La Fenomenologia Ultrasensorial de la Materia:
    En Demanda De Los Correlatos Neurales

19. LA SUBLIMACIÓN DEL INTELECTO Y LA NEUROEPISTEMOLOGÍA.

Módulo

61. Tras La Utopía Del Engrama Conciencial
62. Consideraciones Filosóficas
63. El *Episteme* Proteico
64. La Clave De Acceso ...

APÉNDICE X
SEX~cUALIDAD Y CEREBRO

Módulo

X.1. Genes y Cortejo: Conducta Sexual
X.2. Los Neurotransmisores y La Actividad Sexual
X.3. El Hipotálamo y El Sexo
X.4. La Evolución del Intelecto, ¿Se Debe a una Eficiente Selectividad Sexual?

BIBLIOGRAFÍA
Glosario
Índice Analítico

INTRODUCCION A LA OBRA EN PARTICULAR

LIBRO QUINTO

ONTOGENIA DE LOS SENTIDOS
INTEGRACIÓN SENSORIAL

Las vías sensoriales representan una importante área de estudio, pues constituyen el sustrato de la información que ingresa al cerebro para ser procesada eficientemente. Con un abordaje didáctico, se ilustra que durante el desarrollo embrionario, los complejos neuronales son capaces de percibir, y aun responder de manera idónea, con cierto sentido dinámico a estímulos sensoriales. Apreciando la génesis de cada uno de nuestros cinco sentidos, el cerebro se acostumbra evolutivamente a manejar el entorno y a articular todo tipo de información, incluso desde antes de nacer.

El procesamiento sensorial, orientado específicamente a cada uno de los sentidos, es encausado jerárquicamente a través de varios sistemas que por supuesto incluyen vías directas como la olfatoria, el viaje desde receptores en médula espinal hasta sitios muy concretos de la corteza para la discriminación del dolor; sofisticados dispositivos como el que se presenta en la vía visual para distinguir colores y formas entre la retina y la corteza visual; o los que se ilustran en el sorprendente acoplamiento gustativo siguiendo nervios craneales, al igual que el interesante modelo que explica la función auditiva.

La especialización neuronal de cada una de estas áreas corticales es la resultante más lógica que lleva a entender la calidad y clase de estímulo que debe ser procesado, con el fin de ofrecer una respuesta acorde a la complejidad cerebral. La forma como se disponen las neuronas en la corteza para acoplar este tipo de información, sigue claramente una organización columnar, en particular para la instauración de las modalidades sensoriales que deben ser exitosamente procesadas.

En estas líneas se describen las formas como se conciben actualmente los diferentes tipos de procesamiento sensorial, lo que aproxima a los científicos a intentar comprender nuevos paradigmas, apoyándose no sólo en la tecnología moderna, sino en otras disciplinas como la psicofísica y la neurofisiología integrativa. Entre éstos objetivos de estudio destacan los procesos de búsqueda de un mapa codificador olfatorio; las etapas de isomerización durante la fototransducción analizadas en cursos temporales; cómo hace el cerebro para localizar espacialmente los sonidos y distinguirlos en milisegundos; los múltiples adaptadores profundos y de superficie que se apoyan en relevos tálamo-corticales implicados en la discriminación sensorial; igualmente, los conceptos moleculares que involucran la transducción de señales en las vías gustativas, así como la interesante relación de algunas sustancias presentes en los alimentos que generan diversos estados perceptivos asociados a receptores mesolímbicos.

De esta forma, nos acercamos a ese mundo donde las neuronas aplican su conocimiento más primitivo y con gran simpleza, pero al mismo tiempo, con la complejidad del sistema nervioso, nos dejan percibir todo cuánto está a nuestro alrededor.

EL AUTOR

DE LA PORTADA

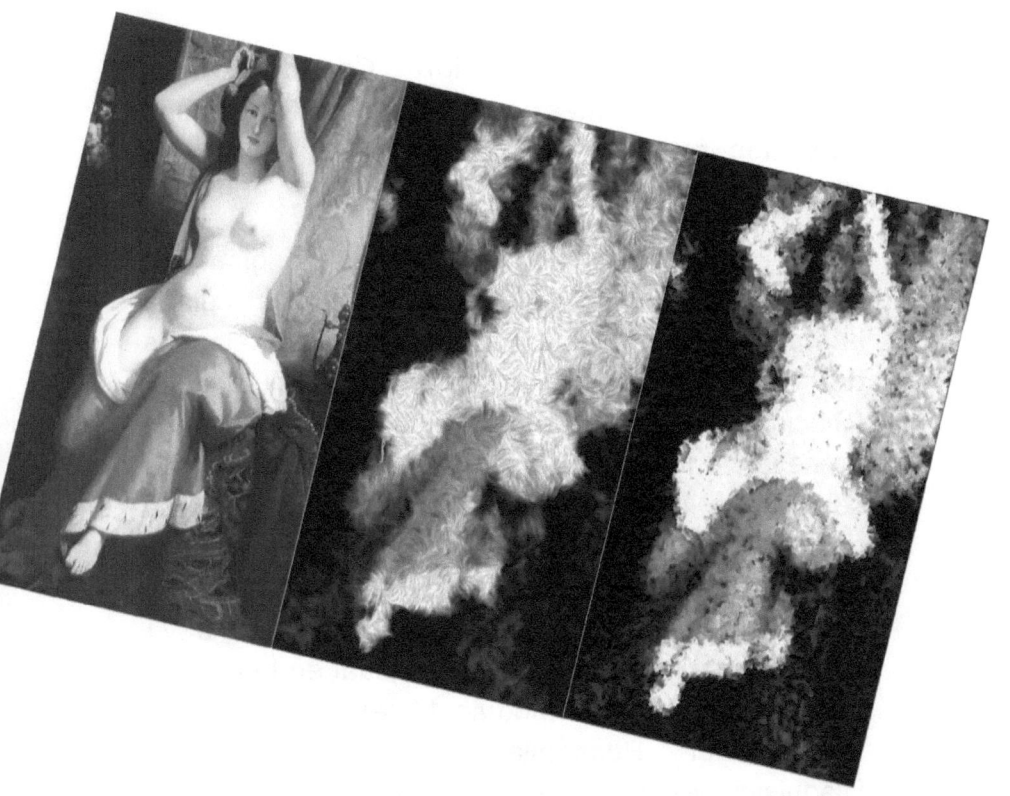

*The world, indeed, is like a dream
and the treasures of the world
are an alluring mirage.
Like the apparent distances in a picture,
things have no reality
in themselves
but are like a heat haze.*

Buddha.

En la portada del disco:
"Le Parc".
Tangerine Dream, 1985
Castle Music,
Entream Music Productions.

Grados de Desintegración Caleidoscópica, inferido en pacientes que sufren esta singular alteración, principalmente en áreas V1, V2 y V4 de la corteza visual (Vaina et al, 2002).

El trastorno deforma la imagen original por daño en la vía konio-celular del núcleo geniculado lateral que se proyecta sobre las bandas delgadas de V2 y V4, encargadas de procesar el color (Sincich et al, 2010). Según los actuales modelos de procesamiento visual, la modificación de las formas se debe a una disfunción neuronal "P" (sistema parvocelular) de V2, de los espacios entre grupos especializados de neuronas pequeñas (*interblob*) y del sistema de bandas claras que comunica a V1 con la rama ventral del sistema visual en la corteza V4 *(Cfr.* Fig. 4.10 del Módulo 14, en el Libro 4: "En Busca del Pensamiento Perdido, Algunas Disquisiciones Sobre la Frenología y la Topografía Cortical"*)*.

Así verían estos pacientes a:

«*L' Odalisque*» **(1827)**, del pintor flamenco **Henri Decaisne**. *Huile sur toile 155 x 90.5 cm.*

CREENCIA NEUROBIOLÓGICA

> En algún espacio de *terra firme*,
> al sureste de los lagos glaciares
> del Sol y de la Luna,
> Dentro del cráter del Volcán Xinantecatl.
> (Noviembre 16 de 1996, 01:43 am.)

Creo en la sinapsis de Sherrington,
señora y dadora de vida
que procede
del cono de crecimiento axonal
y de la unión neuromuscular,
primera transformación
de lo invisible a lo visible,
proceso de expansión de un sistema.

Creo en la liberación de
Neurotransmisores,
nacida de la despolarización neuronal
antes de la inhibición presináptica
y en los eventos que la componen.
Efecto de efectos moleculares
Luz de luz,
engendrados no creados
de la misma naturaleza biológica
de los ácidos nucleicos,
por quien todo fue hecho;

Que por nuestra salvación
fue crucificada en tiempos apoptóticos,
y por obra evolutiva,
fue ascendida a unidad neuronal,
sentándose a la derecha de la ciencia,
y de nuevo vendrá con gloria
para juzgar a crédulos y escépticos,
y su reino no tendrá fin.

Creo en la santa coherencia neuronal,
que procede de una armonía
sincrónica,
que por los dos anteriores
recibe comandos genéticos
predeterminados,
adoración y gloria,
dedicación y sustento;
y que habla por nuestros
comportamientos.

Y en la Neurobiología
que es una santa,
científica y apostólica
confieso que hay varios textos
para el perdón de nuestra ignorancia
esperamos la resurrección del
entendimiento
y la conversión del mañana
en prehistoria

Amén.

XVI

MENCIÓN REFERENCIAL

SIMULADOR DE RMN***

Las figuras de RMN en este libro, fueron didácticamente procesadas para una mayor ejemplificación de la función cerebral. Sus correlatos de estereotaxia son acordes con experimentos clásicos de neurociencias cognitivas.

Las ilustraciones educativas fueron íntegramente desarrolladas por el autor siguiendo las coordenadas clásicas (xyz) de J. Tailairach y P. Tournaux, identificando estructuras cerebrales claves. Para alcanzar tal objetivo, fue usado un software de simulación 3D, basado en ecuaciones de Bloch, Algoritmos y otras rutinas de procesamiento de imágenes, diseñadas por Alan C. Evans, Remi Kwan y Bruce Pike del Centro McConnell de Imágenes Cerebrales, asociado al Instituto Neurológico de Montreal y a la Universidad de Mc Gill, con el apoyo multidisciplinario de profesionales en Ingeniería biomédica, ciencias computacionales, física médica, neurología, neurocirugía, matemáticas aplicadas, ingeniería eléctrica y psicología, entre otras disciplinas.

Kwan RK.-S, Evans AC & Pike GB (1999) MRI simulation-based evaluation of image-processing and classification methods" IEEE Transactions on Medical Imaging. 18(11):1085-97.

Más información:
R. K.-S. Kwan, A. C. Evans, and G. B. Pike, An Extensible MRI Simulator for Post- Processing Evaluation, Visualization in Biomedical Computing (VBC'96). NOTAS EN: Computer Science, vol. 1131, Springer-Verlag, 135-140, 1996. Artículo disponible en versión *html*, postscript (1M).

ACRÓNIMOS

AB: Área de Brodmann

BARK: *β-Adrenergic Receptor Kinase*

CAI: Corteza Auditiva Primaria

CPV: Corteza Premotora Ventral

GMPc: Guaninosin Monofostato Cíclico

GRD: Ganglio de Raíz Dorsal

NMDA: N-Methyl D- Aspartato

NGL: Núcleo Geniculado Lateral

NGM: Núcleo Geniculado Medial

NTS: Núcleo del Tracto Solitario

NVMP: Núcleo VentroMedial Posterior

OVN: Órgano Vomero-Nasal

PCR: Reacción en Cadena de la Polimerasa

SNC: Sistema Nervioso Central

TEN: Teoría de la Epistemología Neuronal

TGF: Factor de Crecimiento Transformante

TRP: Canales-Receptor de Potencial Transiente

TEP: Tomografía por Emisión de Positrones

XX

> «Llamamos unidad de impresión
> a la onda simple recogida
> durante la acción de un estímulo
> por un cono retiniano,
> por una célula ciliada del órgano de Corti,
> ó por una expansión protoplásmica
> olfativa o sensitiva»

Santiago Ramón y Cajal, 1898

«INTEGRACIÓN SENSORIAL»
ONTOGENIA DE LOS SENTIDOS

EL PROCESAMIENTO DE LAS SENSACIONES

Los sentidos son fundamentales para el intelecto. De otra forma no se podrían concebir algunos preceptos causales de la generación del pensamiento, sobre todo los acontecimientos que están ligados a la memoria y a sus mecanismos de recuperación.

Integración Sensorial

Cada célula sensorial especializada, ya sea táctil, gustativa, retinal, o auditiva, tiene un área particular de procesamiento cortical. A partir de los estudios de Korbinian Brodman, (1909), y de la emancipación de la frenología, hoy en día este conocimiento se torna trascendente. Por lo tanto, al pertenecer a un área, tiene un comportamiento inicial semejante al de toda célula excitable, en el que existe intercambio iónico, homeostasis de calcio intracelular, liberación de neurotransmisores, entre otras dinámicas.

Esta comunicación se limita al área de recepción, y dependiendo del canal sensorial, puede elegir vías de procesamiento. Es decir, en el caso de la vista, existe una serie de relevos, que van desde el lóbulo frontal hasta el occipital. Este fenómeno se inicia por el estímulo fotónico, procesado por conos y bastones, receptores retinales; a continuación, se produce un intercambio de neurotranmisores y aminoácidos excitatorios en receptores tipo NMDA; los datos viajan a través del quiasma óptico y llega al núcleo geniculado lateral, en el tálamo posterior, donde las neuronas que llevan datos acerca del color, forma, estructura, se envían a cualquiera de las áreas occipitales que participan en la visión: 17, 18 y 19 de Brodmann (AB), para ser integrados, incluso hacia una zona destinada para la memoria visual, con células especializadas de AB 19.

> Los receptores de la vía visual son mayormente asociados a neuro transmisores excitatorios.

Ontogenia de los Sentidos

¿Y cómo activamos la memoria visual de AB 19, con un ejemplo práctico?

Para comprender este paradigma, basta remontarnos a la evocación de una imagen... Cualquiera: Una letra, un paisaje, un vestido, una figura abstracta, esa figura humana, una pintura, un animal, etc.

Pausa para recordar.

Con sólo leer el comando (evocar imagen), el archivo de imágenes cerebrales es capaz de hacer el viaje, con base en sensaciones reconocidas con anterioridad. Para poder plasmar esos recuerdos, fueron activadas varias redes neuronales, liberados miles de neurotransmisores, y se produjeron millones de intercambios de iones, con apertura y cierre de canales, para poder concretar tal pensamiento. Todo en fracciones de segundo. La velocidad del procesamiento sensorial tiene que ver con estructuras internas moleculares que marcan el oficio de cada célula y de esa manera, percibimos el exterior.

> Muchos procesos memorables van asociados de inputs sensoriales.

Así hemos integrado una sensopercepción a partir de procesamientos subcorticales y corticales, por medio de memorias que han sido percibidas primitivamente por vías sensoriales. Pero... ¿cómo se generan los sentidos?

MÓDULO 18

LA GÉNESIS PARA CADA UNO, TIENE SENTIDO

18.1 OLFATO

El primer nervio craneal se encarga de las percepciones sensoriales externas, relacionadas con el procesamiento de sus más de 10 mil olores, para los cuales tenemos receptores facultados para su discriminación categórica (Axel, 1995; Mombaerts, 2001).

La prominencia frontonasal es producto de la acción embriogénica mesenquimatosa ventral, vinculada con el cerebro externo, y se constituye como límite craneal con el estomodeo (boca primitiva). En la semana cuatro se visualizan las plácodas nasales, que producen los acontecimientos que finalizarán con la consolidación de los conductos nasales entre la quinta y octava semanas de gestación, al formarse las coanas primitivas unidas a la formación palatina, que evoluciona de manera simultánea a la formación de los cornetes superiores, medio e inferior.

> A partir de la 27 semana de gestación, el ser humano ya está listo para discriminar feromonas.

A cada lado del tabique nasal, y durante el periodo embrionario tardío, existe un curso de invaginación en concordancia con el paladar primitivo, que forma un par de divertículos conocidos como los *órganos vomero-nasales* (OVN), cuya medida promedio es de 4 a 8 mm a las 27 semanas de gestación, cuando alcanzan su desarrollo completo. Una pieza vomeronasal se proyecta hacia un pequeño bulbo olfatorio accesorio. En la etapa tardía del desarrollo, hasta la 40 semana, éstos involucionan y tienden a desaparecer con todo y bulbos accesorios. Su importancia filogenética radica en que han sido conectados, en fecha reciente, con la atracción entre mamíferos, donde hay participación de feromonas, tema que será discutido en el "Libro X" de sexo y cerebro (Apéndice X, ver índice general, Neurobiología del Intelecto).

Las células nerviosas bipolares, característica *sine qua non* de la estirpe olfatoria, se diferencian entre sí y entre las demás, al estar influidas por el recubrimiento ectodérmico epitelial de los primitivos sáculos nasales (Murrell et al, 1996). Entre ellas forman numerosas agrupaciones de células sensoriales con un promedio de veinte axones, abriéndose paso hacia la lámina cribosa etmoidal. Atravesando los orificios o cribas de tal lámina, se genera un milagro evolutivo, al conformar finalmente el *bulbo olfatorio*. Allí nace el primer par craneal, el nervio olfatorio.

> El tamaño máximo de los órganos vomero-nasales se alcanza a los seis meses de edad, justo al finalizar el período de maduración de la corteza entorrinal.

18.2 HASTA LA VISTA.

El nervio óptico está formado cuando menos por un millón de fibras axonales, que crecen dirigiéndose hacia el interior encefálico a partir de neuronas primitivas retinales. El primordio embrionario ectodérmico es identificado como surco óptico. De allí, surgen las *vesículas ópticas*, que inducen a la formación de *placas lenticulares* y luego se convertirán en cristalino. Estas placas sufren una invaginación y forman las vesículas lenticulares, que dan paso a los *calices oculares*, el sitio emergente neuroembrionario de la retina.

Todo el conglomerado fibronervioso, ciliar e iridicial, proviene del neuroectodermo, pero la formación del cristalino depende del ectodermo de la superficie, junto con la córnea y los conductos lacrimales; mientras que el mesodermo impulsa a los músculos oculares, exceptuando los del iris, que luego serán inervados por pares craneales.

El epitelio pigmentario, alojado en los cálices oculares, se fija con firmeza en la coroides, pero su inserción a la capa neural de la retina no es igual de efectiva. Por influencia del cristalino, la capa interna del cáliz ocular prolifera, formando un *neuroepitelio grueso,* responsable de diferenciar la variedad subcelular de neuronas retinales, como conos y bastones, células ganglionares y bipolares. El hecho de que la

> La embriología Ocular parte del ectodermo y se integra en las tres capas.

luz tenga que atravesar varias capas para llegar a los fotorreceptores se debe a que, en periodos embrionarios, la capa neural de la retina está invertida a causa de la invaginación de la vesícula óptica. Esta capa neural se comunica con la capa interna del pedículo óptico, lo que fomenta el crecimiento del nervio óptico y su mielinización permanece incompleta a las cuarenta semanas. Por ello, un recién nacido no distingue muy bien las exquisiteces visuales sino hasta las diez semanas de vida extrauterina, cuando culmina este importante proceso detenido en alguna parte del disco óptico.

La pigmentación de la capa de los bordes del iris, proporcionada por una condensación estrómica iridiscente, se adquiere durante los primeros años de vida; de allí que sea muy difícil reconocer el color final de los ojos en los neonatos, a pesar de que las abuelitas, por tradición, comiencen a imaginar parecidos con familiares ancestrales y a asegurar colores de connotación sagrada. Los músculos dilatador y esfínter de la pupila en el iris se forman a partir del neuroectodermo, en la porción más externa de los cálices oculares, derivando fibras musculares del epitelio pigmentario, que ceden con flexibilidad. Este es el principio de los reflejos pupilares y, de manera paradójica, uno de las circunstancias que clínicamente

> El desprendimiento accidental de la retina, a veces por traumas no significativos, se debe a sustentos neuroembrionarios.

están predestinados a marcar el irreversible hecho de la muerte cerebral.

18.3 DE OÍDO...

A partir de la vesícula óptica ectodérmica, que se convierte en una suerte de laberinto, surgen unas membranas que condicionan dos compartimentos: el utrículo y la porción ventral sacular, que da origen al sáculo y al conducto coclear, el sustrato embrionario del órgano de *Corti*, de donde surge el nervio coclear. Por otro lado, la rama vestibular se origina en los denominados conductos semicirculares. Las células bipolares acústicas tienen sus somas en el ganglio vestibular, y sus procesos centrales terminan en los núcleos vestibulares, cerca del *cogículo teres*, en el piso del IV ventrículo, en tanto que las neuronas bipolares cocleares, tienen sus somas en el ganglio espiral y se proyectan hacia los núcleos cocleares y ventrales alojados en el bulbo raquídeo.

> El primordio embrionario del oído, proviene del ectodermo ocular.

Los arcos branquiales son responsables en el embrión de la formación de los detalles externos sensoriales, cavidades orales (estomodeo) y laringo-faringe. Asimismo, de un surco eminencial que brota entre el primer y segundo arcos branquiales se forma el oído externo. El extremo dorsal del cartílago de *Meckel*, en el primer arco branquial, se osifica para formar el *malleus* (del latín, martillo) y el *incus* (del latín, yunque) en el oído medio. Por su parte, el cartílago de *Reichert*, en el segundo arco branquial, contribuye a la formación del estribo (del latín, *stapes*), y de la apófisis estiloides del temporal.

A partir de la quinta semana de desarrollo, surgen de la faringe primitiva, tras un ensanchamiento, las bolsas faríngeas. A la sexta semana ya hay meato auditivo, por invaginación se forma el fondo del saco tubo timpánico, lo que es el inicio de la trompa de *Eustaquio*, en tanto que la membrana timpánica deriva del endodermo de la primera bolsa faríngea, del ectodermo del primer arco branquial, y del mesénquima existente entre ambas capas.

Entre las causas de trastornos embrionarios que se relacionan con hipoacusia extrema existen las de etiología genética autosómica recesiva, pero sin duda el mayor problema en países tercer mundistas es el síndrome de TORCH (por sus siglas, Toxoplasmosis, Otros como la sífilis, Rubéola, Citomegalovirus y Herpes), que azota con gran intensidad al grupo etáreo neonatal, en especial debido al contacto con felinos domésticos y malos enfoques diagnóstico-terapéuticos. En ellos no sólo hay sordera, sino microcefalia, retardo mental y graves consecuencias neurológicas durante el desarrollo. Todo esto puede ser evitado mediante la medicina

> Un embrión humano conforma su trompa de Eustaquio, en la sexta semana de gestación. Hacia la semana 23 ya hay datos de integración auditiva.

preventiva, con campañas educativas y de control.

18.4 CUESTIÓN DE GUSTO

Casi al finalizar el primer mes de desarrollo embrionario, surge del suelo faríngeo una eminencia llamada *tubérculo impar*, en dirección al agujero ciego craneal, convirtiéndose en el primer indicio de desarrollo lingual.

Al iniciar la semana cinco, asoman los *brotes distales*, situados en forma lateral al primordio tubercular inicial, como un proceso de proliferación mesenquimatosa del primer arco branquial. Los brotes distales constituyen los dos tercios anteriores bucales, y se desplazan para formar el *surco mediano lingual*. Al mismo tiempo, el tercio posterior restante forma la *cópula* (del latín, cordón), originada de nuevo por la unión de la porción ventromedial de los arcos branquiales y la gran *eminencia hipobranquial*, que se desarrolla caudalmente con respecto del cordón copular a partir del mesodermo ventromedial de los restantes arcos branquiales (tercero y cuarto).

> El sabor salado se distingue desde los cuatro meses de edad y el sabor amargo desde la semana 27 de gestación

La lengua, surge por completo. Hace a un lado la presencia de la cópula o cordón copular de los III y IV arcos branquiales. Así, es desplazada hacia las cuevas hipobraquiales, para dar paso al tercio posterior lingual. La unión anterior y posterior de la lengua, es fortalecida mediante un surco terminal en forma de "V". Del mismo mesodermo de los arcos braquiales surgen el tejido conectivo, los vasos linfáticos, las glándulas salivales y hasta algunos primigenios sustratos fibrilares que hacen las veces de músculo embrionario (gran parte de los mioblastos linguales proviene de somitos occipitales). El par craneal XII, hipogloso, acompaña la migración mioblástica hasta concretar la función madura de los movimientos linguales. De esta manera, otro reflejo conciencial generado por los nervios craneales, se observa en muy tempranos estadíos de la gestación.

> Hacia la 22 semana de gestación, emergen los primordios papilares.

Los primordios sensoriales del gusto aparecen en la etapa 22 embrionaria, antes de la octava semana. Primero surgen las papilas caliciformes y foliadas, ligadas al noveno par glosofaríngeo, y las fungiformes brotan de un brazo timpánico *(notochorda timpanii)*, que provee el nervio facial. Al finalizar el sexto mes, ya está estructurada la conexión gustativa con ramas sensitivas y motoras del facial, y el ser humano puede tener movimientos reflejos.

La inervación lingual proviene de los arcos branquiales, desde el trigémino submaxilar. Las papilas circunvaladas de los dos tercios anteriores de la lengua tienen nexos glosofaríngeos, provistos por el tercer arco branquial, así como del tercio posterior, y sólo una rama del vago, la del nervio laríngeo superior, afín al cuarto arco branquial, inerva una pequeña zona epiglótica.

18.5 ¿FALTA DE TACTO?

El tacto implica la percepción del mundo externo a través de terminaciones nerviosas periféricas espinales o craneales, que pueden estar inervando porciones cutáneas que recubren el organismo.

A partir de la semana 11, el humano puede diferenciar claramente la temperatura del líquido amniótico.

La piel se desprende del ectodermo y, en las primeras semanas, durante la neurulación, se produce un plegamiento entre las dos láminas originales (ecto y endodermo), para dar paso al mesodermo. De allí, se forman los primordios de la epidermis y, hacia las once semanas, las células mesenquimatosas ya producen fibras de tejido conectivo colágeno y elástico. Al formarse las crestas epidérmicas, la dermis sobresale hacia arriba en la epidermis y forma las papilas dérmicas. En algunas de ellas se generan asas capilares y, en otras, terminaciones nerviosas.

Las terminaciones nerviosas periféricas, constituidas por células sensoriales somáticas, provienen de la cresta neural, y sus somas vagan fuera del SNC. Con excepción de las células vestíbulococleares, todas las neuronas primitivas son bipolares; luego al fusionarse, se convierten en axones unipolares. Estas células de la cresta neural emigran y forman ganglios sensitivos, que dan origen a los pares craneales trigeminal, facial, auditivo, glosofaríngeo y vago. Pero también se convierten, por diferenciación, en neuronas multipolares de los ganglios autónomos. Las raíces dorsales de los nervios espinales son sensitivas, y están integradas por células de la cresta neural que emigran a la médula, donde se transforman en ganglio de la célula espinal. Las disposiciones distales de estos ganglios también se extienden al interior de la médula, en dirección opuesta al extremo del asta de materia gris, creciendo hasta la raíz ventral del nervio y convirtiéndose en raíz motora, donde se juntan para formar un *nervio espinal.*

> Las raíces de asta anterior y posterior de la médula dan paso a las señales nocioceptivas y propioceptivas, a partir de la sexta semana.

Tan pronto como se forma un nervio espinal mixto, éste se divide en ramas primarias dorsales, que tienen carácter extensor, y ventrales, de carácter flexor. La ramificación primaria ventral participará en la inervación sensoriomotora de las extremidades; en especial, de los plexos cervical, braquial y lumbosacro.

A medida que surge la *yema* de la extremidad, los nervios se adosan a ella dentro del mesénquima en desarrollo, para crecer junto con la extremidad y con la piel, misma que comienza a recibir datos sensoriales de manera segmentada. Un dermatoma (el segmento dérmico) es inervado por un par raquídeo y su correspondiente ganglio de una raíz dorsal o posterior. Los plexos de las extremidades son el lumbosacro y el braquial, y acuden hacia la quinta semana a la yema que dará inicio a la extremidad. Los corpúsculos de *Ruffini* y *Pacini*, adaptadores profundos, corresponden al plexo braquial, de la misma manera que los adaptadores rápidos propioceptivos de *Meissner* y *Merkell*, responsables finales de la discriminación sensorial especializada, dependiendo del segmento dérmico requerido para su función, pueden migrar hasta alojarse definitivamente en determinado dermatoma.

Por otro lado, del plexo cervical se desprenden los nervios craneales, los cuales han migrado desde la cresta neural a partir de la semana cinco. Los motores oculares, cuyos axones derivan en los tres miotomos preóticos, y el hipogloso, tienen un nexo más comprometedor con las raíces ventrales de los nervios espinales. En contraste, el trigémino y sus ramas sensitivas que inervan la cara tienen origen en el primer arco branquial, a la vez que el nervio facial se genera en el segundo arco, y sus ramas sensitivas tienen nexos con el ganglio

> Los primordios de receptores somato-estésicos pueden migrar desde la quinta semana, para constituir los dermatomas.

genicular, cuyas fibras entran a la protuberancia para ser aferentadas por vías sensoriales externas.

MÓDULO 19

LAS VIAS DE PROCESAMIENTO SENSORIAL

19.1 LA VÍA OLFATORIA

Las células olfatorias primarias reciben la señal aromática del entorno y la envían directo al cerebro sin interactuar con demasiadas conexiones sinápticas, porque terminan en el bulbo olfatorio, una proyección telencefálica bilateral localizada arriba del epitelio olfatorio, en el canal nasal.

> El sistema olfatorio puede llegar a discriminar 10 mil olores.

El tamaño del bulbo en humanos es mucho menor que en ratones, donde se lleva gran parte de la corteza, lo que puede explicar la pobreza de habilidades olfatorias en el humano, apenas capaz de discriminar diez mil olores (Axel, 1995).

Las fibras eferentes del bulbo olfatorio se proyectan sobre una estructura localizada en la base del cerebro, llamada corteza olfatoria, que tiene en su haber un cúmulo de células piramidales especializadas organizadas en capas, no tan complejas como en la gran corteza cerebral o *neocortex*. Por ello la polémica distinción con el *paleocortex olfatorio*, dividido en varias regiones distribuidas en porciones basales cerebrales, como la corteza piriforme, el tubérculo olfatorio, el núcleo anterior olfatorio, la amígdala y la corteza entorrinal, así como una proyección que es recibida por el núcleo dorsomedial del tálamo, que forma parte del sistema aferente límbico tálamo-cortical.

> El epitelio y el bulbo olfativo, son los encargados de conducir la información odorífera al paleocortex olfatorio.

Las terminales sinápticas de los receptores neurales epiteliales, son módulos esféricos llamados glomérulos que se despliegan en el bulbo olfatorio (Cheung et al, 2014). Allí existen las células mitrales, y otras estirpes neuronales que se alojan en el paleocortex olfatorio. Cada célula receptiva olfatoria envía sus axones a un sólo glomérulo, y cada uno de ellos recibe aviso de más de mil receptores neurales. Cerca de 100 células mitrales y 100 de la otra estirpe neuronal, cuya morfología semeja un penacho de guerrero medieval, envían sus dendritas al glomérulo, cumpliendo con el principio de convergencia cajaliano. La transducción olfatoria involucra alrededor de mil moléculas receptoras diferentes, y está mediada por las proteínas G_{olf}, que gracias a sus subunidades, pueden individualmente distinguen como unidad a un solo olor (Robishaw, 2012).

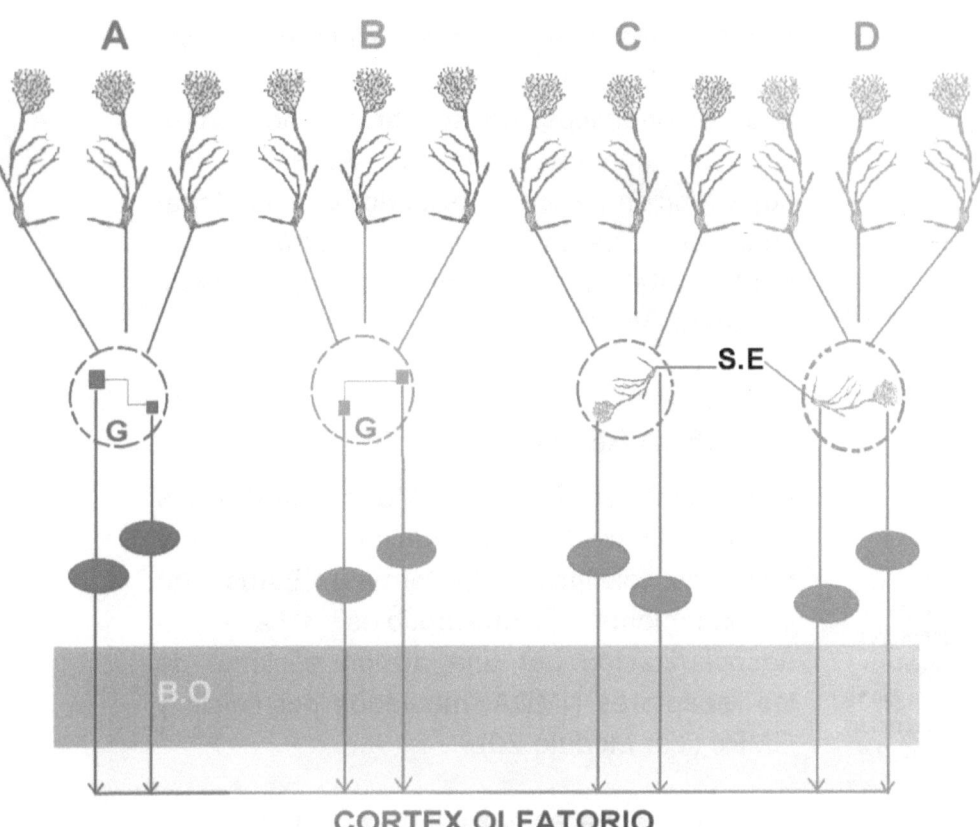

Fig. 6.1. **Organización Sináptica del Bulbo Olfatorio.** El epitelio olfatorio contiene más de mil tipos de neuronas con capacidad receptora. Existen cuatro principales clases de receptores odoríferos (A, B, C, D). Cada uno de ellos envía información a los glomérulos (G) representados por círculos interrumpidos. Dentro de ellos, existen conexiones sinápticas excitatorias (S.E) como las estirpes neuronales propias de la vía olfatoria con ramificación similar a la de las células mitrales (Óvalos), cuyos axones se proyectan a través del bulbo olfatorio (B.O) para conectarse a su corteza correspondiente (A partir de Mathews, 2001).

De la Retina al Occipital

Es asombroso que a nivel olfatorio existan miles de receptores y en la retina sólo tres clases de conos y un tipo de bastón. Con fines taxonómicos, se han propuesto cuatro tipos de receptores olfativos, A, B, C y D, cuya función sináptica excitatoria, conectada con las diversas estirpes neurales, es fundamental en la comprensión del suceso odorífero (Ver Fig. 6.1).

19.2 DE LA RETINA AL OCCIPITAL

Los receptores de la visión dependen de los conos retinales (discriminación del color) y bastones (distinción de formas). Estos son continuamente susceptibles a la despolarización por una acción eficiente de los receptores NMDA, mediados por calcio y GMPc (Ver Módulo 20).

¿Que receptoress retinales se encargan de diferenciar colores?

La retina está cubierta por tres capas. La receptora, conformada por bastones en la periferia y conos en el centro, alcanza su mayor densidad en la fóvea, detrás de la pupila. La capa intermedia tiene neuronas bipolares que son perpendiculares al plano retinal, interconectadas con las llamadas células horizontales y amácrinas.

La capa más interna tiene células ganglionares con ramificaciones dendríticas, cuyas ramificaciones convergen para formar el nervio óptico. Cada cono y bastón deben hacer sinapsis con las células ganglionares a través de las bipolares. El hecho de que sólo un ganglio responda a muchas informaciones simultáneas de las células de la segunda capa produce un efecto de restricción receptiva en el campo visual, lo que resulta importante para el resto de los puntos de relevo de esta vía sensorial.

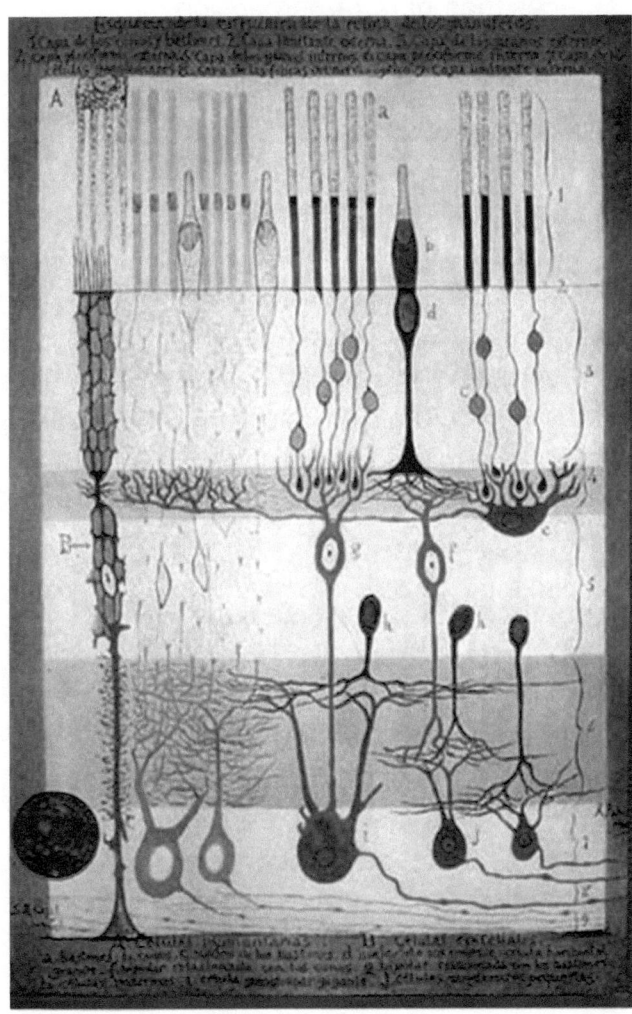

Fig 6.2. Entre las grandes contribuciones didácticas en el campo del procesamiento sensorial, encontramos estas bellas ilustraciones que sin duda, conforman *"El Legado Cajal"*. Apréciense, para cada uno de ellos, los conos y bastones y la disposición de cada una de las células retinales (A partir de, Ramón y Cajal, 1899).

> La retina, el núcleo geniculado lateral en el tálamo y la corteza occipital, constituyen los relevos de la vía visual.

El mencionado tronco nervioso, constituido por dendritas ganglionares, tiene una decusación en el quiasma óptico conformando el tracto óptico, que se divide en tres partes. La primera es el Núcleo Geniculado Lateral (NGL) que, a través de sus vías parvocelulares (células X, pequeñas) y magnocelulares (Células Y, grandes), opera todos los datos necesarios para la percepción visual que llegan a las áreas occipitales de Brodmann. Las otras dos son mesencefálicas: una finaliza en el pretectum, haciendo sinapsis en el núcleo rojo, con fibras que producen cambios pupilares; la última, fundamental en algunas tareas intelectuales, viaja al colículo superior, encargado de los movimientos motores oculocefálicos, el reflejo optokinético y los componentes sacádicos de los globos oculares (*Cfr.* Libro 11, Hacia una Nueva Forma de Procesamiento Neuronal).

Lo importante del arribo sensorial procedente del NGL a las Áreas 17, 18 y 19 de *Brodmann* en la corteza occipital, es la distribución de las fibras nerviosas por capas en columnas corticales, un sofisticado ejemplo del procesamiento paralelo del SNC. Estas células de la corteza tienen especialidad en el registro de fondo, forma, color y movimiento para cada una de las finas distinciones de la visión.

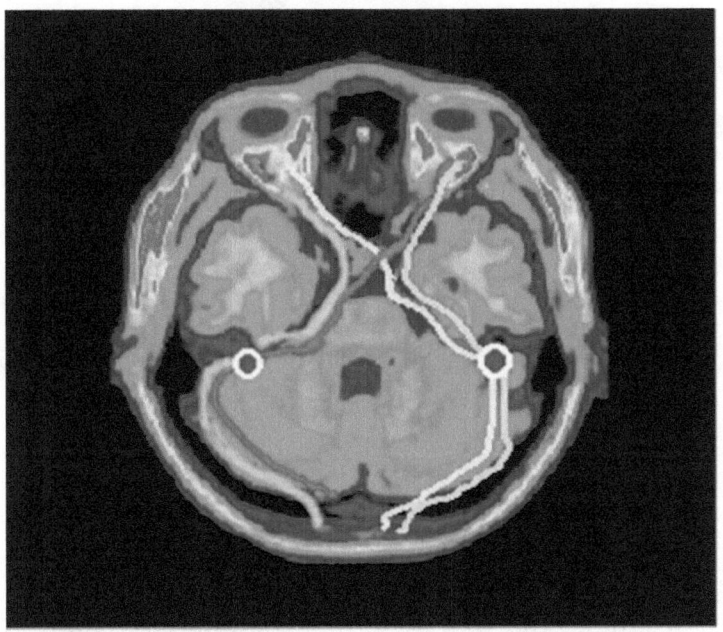

Fig. 6.3 Relevos de la vía visual, que tiene 3 etapas, Retina, Núcleo Geniculado Lateral en el tálamo posterior y Corteza visual.

El principal punto de interacción entre NGL y la corteza se lleva a cabo en la capa V1 (Zeki, 1993). En el NGL se encuentran seis capas; las capas 3 a 6 son parvocelulares, ya que cuentan con células pequeñas (células X, con pequeño campo receptivo y alta resolución espacial), y las restantes forman el denominado sistema magnocelular (células Y, de baja resolución espacial). Los detalles de la función de cada una de las capas corticales implicadas en la vía visual se analizan desde una perspectiva más integral en el módulo 13.

19.3 LA SENDA DEL *SONI-DO*

A modo de paráfrasis literaria, se sugiere que de la misma forma como los atávicos guerreros japoneses seleccionan un camino para alcanzar el conocimiento y el control de sus emociones *(Bushi-do)*; así, el sonido también debe seguir estrictos pasos para que podamos discriminarlo.

> Las neuronas ciliares localizadas en el complejo coclear, inician la integración auditiva.

Cuando la onda sonora (ver Sección 6.3.3) se cuela por nuestro meato auditivo externo y choca contra el tímpano, el reconocimiento sensorial de los sonidos es ordenado por una serie de recursos internos a nivel hidrodinámico y nervioso que terminan con activaciones de centros especializados, vinculados con el complejo olivo-coclear.

Las células ganglionares, encargadas de la recepción de diferentes cualidades de sonido tienen características ciliares, que responden con vibración al estímulo sensorial. Estas neuronas ciliares se encuentran en el órgano de *Corti*, o cóclea, que presenta una forma espiral semejante a la de un caracol, y desde allí entregan las señales al nervio auditivo, el octavo par craneal, cuyos axones se ramifican por medio de tres vías principales: la estría acústica dorsal, intermedia dorsal y la derivada del cuerpo trapezoide, que contiene fibras destinadas al núcleo olivar superior desplegado en ambos lados del tallo cerebral.

La oliva medial superior localiza el sonido en sus componentes temporales bi-aurales, por medio de dos ramificaciones neurales proporcionadas por las dendritas medial y lateral, que provienen de las ramas del núcleo coclear contralateral e ipsilateral, respectivamente. Esto quiere decir que su función dentro de la discriminación del sonido se basa sólo y de manera específica en distinguir un sonido que debe viajar y ser diferenciado en milisegundos, mientras que la oliva superior lateral es responsable de las diferencias interaurales, características de la intensidad del sonido; en términos simples, del detalle rastreado en decibeles.

Esta integración auditiva que se encuentra en el núcleo olivar superior, viaja a través del lemnisco lateral, que releva su información en el núcleo lemniscal lateral, donde algunas fibras cruzan la comisura de *Probst* y hacen sinapsis -emulando un procesamiento paralelo- con cada uno de los tubérculos cuadrigéminos inferiores o collículo inferior.

> La vía auditiva es esencialmente útil para entender mecanismos concienciales

De esta forma, un proceso muy interesante de acoplamiento neuronal perceptivo se genera en esta área, siendo un paradigma objetivo de integración conciencial.

Los Relevos Auditivos

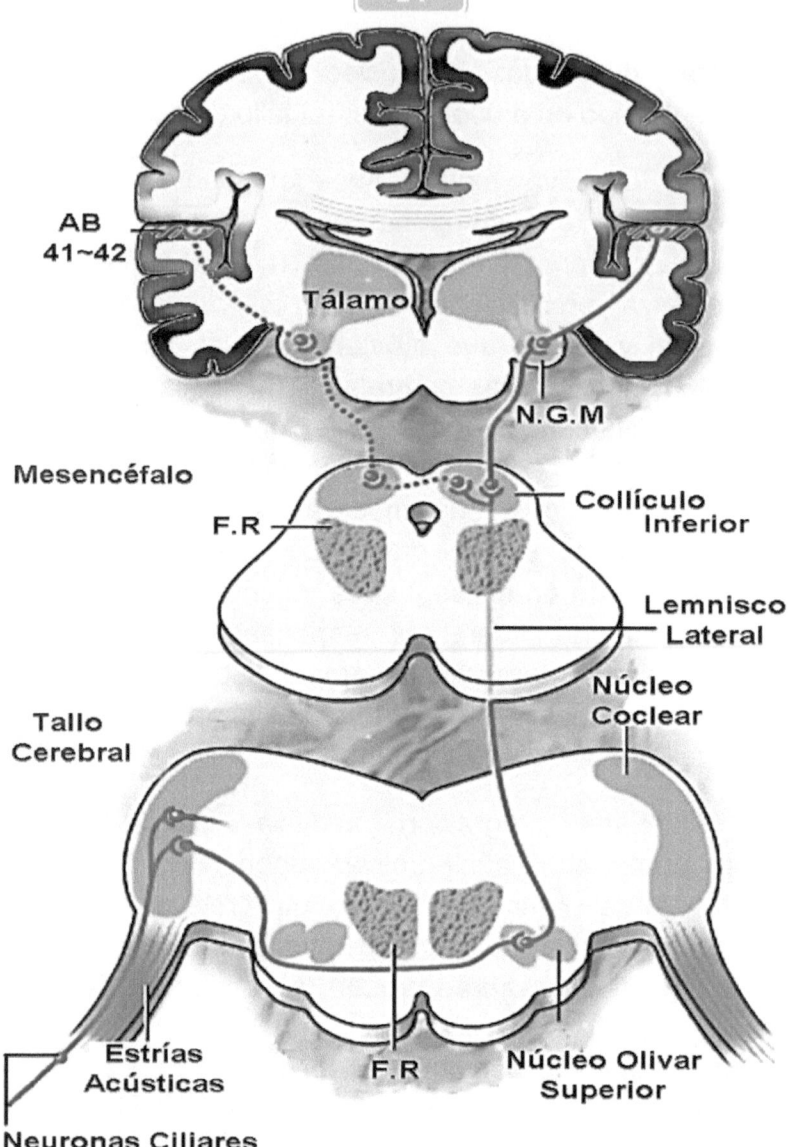

Fig. 6.4 Etapas del procesamiento auditivo. Un cúmulo de neuronas ciliares conforman el complejo sensorial en el órgano de Corti. A través de las estrías acústicas del octavo par craneal, especialmente la del cuerpo trapezoide, la información viaja al núcleo olivar superior. El relevo hasta collículo inferior se realiza con la participación del lemnisco lateral en su porción mesencefálica. El puente que utiliza para arribar a la corteza auditiva (AB 41-42), lo hace a través del Núcleo Geniculado Medial (NGM) en el tálamo. (FR) Formación Reticular.

Es entonces, cuando el colículo inferior, adquiere su gran relevancia anatómico fisiológica, debido a su participación como relevo en vías concienciales. En términos evolutivos, en este colículo inferior, las neuronas ostentan cualidades tonotópicas; es decir, pueden acomodarse de acuerdo con las proyecciones que deben arribar a las áreas subcorticales, en especial la capa IV, y a la corteza cerebral (áreas 41 y 42 de *Brodmann*), en el giro temporal superior, a través del Núcleo Geniculado Medial (NGM) ubicado a nivel talámico, que integra sus fibras en la capa V cortical (*Cfr.* 6.3.3).

19.4 EL GUSTO ES MÍO

El reconocimiento de los sabores requiere de la bienaventurada orquestación de elementos centrales y periféricos del SNC; del porte concertador del nervio olfatorio y del grupo trigeminal, que nos indica si el alimento puede ser ingerido y, poco después, viene la indicación procedente del hipotálamo sobre las sensaciones placenteras o de rechazo a un platillo. Eso nos puede dar idea de la temperatura del alimento, de la estimulación concomitante del nervio vagal y de sus aferentes gastrointestinales.

> El núcleo del tracto solitario es también muy importante para fijar datos de memoria emocional.

Las células encargadas de la primera recepción del sabor son las papilas fungiformes, que se encuentran en dos tercios linguales inervados por la rama petrosa del facial. La superficie dorsal de la lengua y el paladar blando son inervados por papilas circunvaladas, dependientes de ramas del glosofaríngeo, y la faringe, así como la parte alta del esófago, se identifican con el neumógastrico, o décimo par craneal. Estas células son la primera neurona que sigue el modelo de relevos, factor común en el procesamiento sensorial.

> La importancia del núcleo tracto solitario es relevar al tálamo, información procedente del sistema neuro entérico.

El segundo punto del funcionamiento del gusto se constituye a través del núcleo del tracto solitario (NTS), el principal objetivo de relevo de la información sensorial aferente visceral. La parte caudal del NTS también recibe inervación de las ramas subdiafragmáticas del nervio vago, que controlan la motilidad gástrica, mientras que la parte rostral lo hace por la vía gustativa, que atañe ramas faciales y glosofaríngeas.

Las dos ramas del NTS se proyectan sobre el NVMP (núcleo ventro-medial posterior) talámico, cuya finalidad es enviar el impulso a regiones corticales específicas, como la ínsula anterior del temporal y el opérculo frontal, en la corteza gustatoria. Una segunda área cortical de procesamiento de sabores interactúa con la corteza orbitofrontal caudo-lateral, donde las células nerviosas responden a estímulos visuales, olfatorios, somatosensoriales y gustativos (Rolls & Bayliss, 1994).

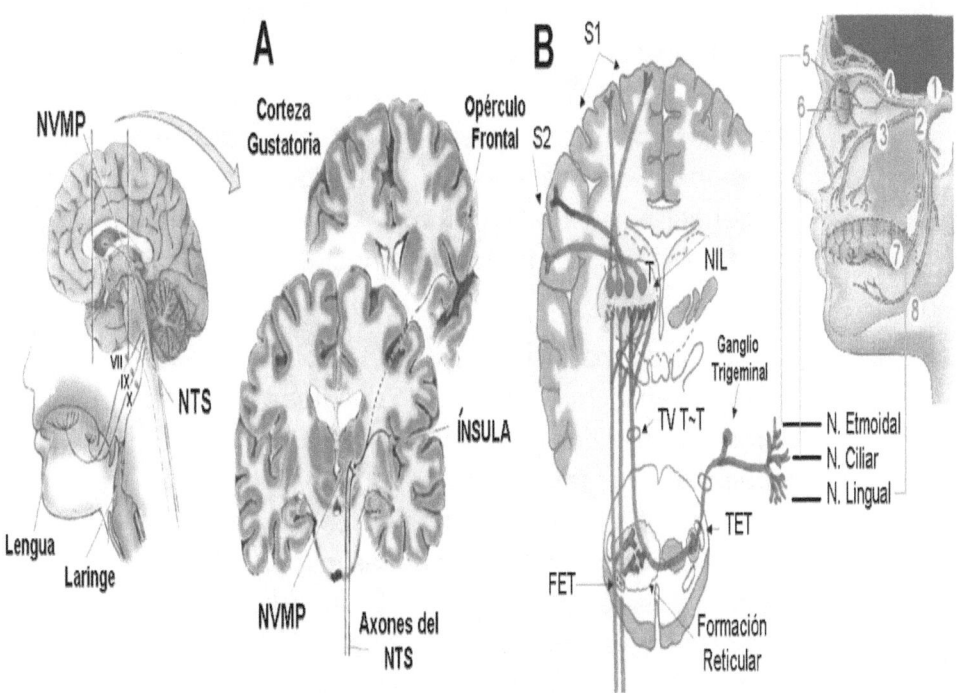

Fig. 6.5 Vía de procesamiento gustativo. En A), las Papilas son el punto de recepción sensorial, las señales siguen el camino de las ramas de los nervios craneales (VII, IX y X) y del núcleo del tracto solitario (NTS). A través del procesamiento del núcleo ventromedial posterior talámico (NVMP) arriban a zonas corticales, específicamente en el opérculo frontal y en la ínsula. En B) las relaciones del sistema quimiotrigeminal con la formación reticular y el núcleo intralaminar (NIL) del tálamo (T) y corteza somato-sensorial (S1-S2). TV T~T: Tracto ventral trigémino talámico. TET, Tracto Espino Trigeminal. FET, Fascículo espino-talámico. A la derecha, las ramas del sistema quimio-receptor trigeminal inervando cavidades orales, nasales y oculares. 1) Ganglio Trigeminal 2) Rama Mandibular 3) Rama Maxilar 4) Nervio Oftálmico 5) Nervio Etmoidal 6) Nervios Ciliares 7) Nervio Lingual. El N. etmoidal inerva cavidad nasal, las fibras ciliares la córnea y las ramificaciones del Nervio Alveolar Inferior (8), los dientes. (A partir de Purves *et al*, 2001).

Todo lo anterior, está asociado con una interacción límbico-tegmental de índole neurovegetativo, localizada en los núcleos hipotalámicos ventromedial y lateral, que en ocasiones se relacionan con los hábitos alimenticios y los apetitos, algunas veces dependientes de factores emocionales (*Cfr.* Libro Segundo).

En su mayoría, las papilas son filiformes: unas cuatro mil en total, divididas en las llamadas fungiformes, por su forma de hongo, localizadas al frente de la lengua, y aquellas que integran 12 grandes complejos de recepción sensorial, las papilas circunvalares, distribuidas a modo de "V" invertida, que conforman el 50% del total de papilas gustativas, además de las foliadas, que constituyen el 25% de la superficie lingual.

> Cuántos sabores procesa nuestro sistema gustativo...

La tendencia arcaica sobre la división clásica de cuatro sabores ha quedado en desuso, más por sus limitaciones que por la antipatía evolucionista de los neurobiólogos actuales, que postulan nuevos sabores obviando la clasificación simple entre amargo, ácido, dulce y salado. Así, por ejemplo, describen el sabor «*umami*», presente en las comidas orientales ricas en glutamato monosódico, que ha sido muy bien codificado incluso por vías de segundos mensajeros. Existe, asimismo, el sabor metálico, o el de las mayonesas y grasas, pasados por alto en la taxonomía de Deiter Hanig hacia el final del siglo XIX. En la actualidad, en forma elocuente, hay un mapa gustotópico para entender este procesamiento desde la papila hasta la corteza insular (Carleton et al, 2010, Chen et al, 2011). También, se describe el espacio reservado para los alimentos y especias picantes (Smith & Margolskee, 2001), consumidos cada día por la tercera parte de la población mundial, y en teoría saboreados, en forma periódica, en los aderezos del 66% de la población terrestre. Para darnos una idea, 70% de Mesoamérica los incluye en su dieta diaria, y en el populoso lejano Oriente hablamos de un promedio de 2,000 millones de personas que los degustan. Además, en la obsoleta división de sabores de hace casi 200 años, no se contemplaba la maravilla gastronómica de los sabores astringentes (menta, arándano y tés), ni los pungentes (páprika, pimienta, ají, chile, entre otros).

> Los sabores astringentes y pungentes, son estudiados desde el punto de vista molecular.

19.5 LA VIA DE PROCESAMIENTO TÁCTIL

El tacto tiene submodalidades para procesar lo que percibe del mundo externo.

Una, está destinada a la discriminación táctil y las otras al procesamiento propioceptivo que es el que llega procedente de los reflejos articulares y de las sensaciones de los brazos y piernas y un tercero, es el procesamiento nociceptivo encargado de la percepción profunda termoestésica y algésica. (temperatura y dolor)

Los receptores son inervados por axones periféricos de las células nerviosas del ganglio de raíz dorsal (GRD), cuyas ramas ascienden por la columna dorsal y se unen con neuronas de segundo orden en los núcleos de la misma. Los axones de las neuronas del núcleo de la columna dorsal atraviesan la línea media de la médula y ascienden al tallo, por el lado contralateral, a la altura del lemnisco medio (cinta de Reil media), para arribar por fin a la corteza cerebral, previa aduana talámica, formando parte del prototipo de procesamiento espinal expuesto en el segundo capítulo.

> El lemnisco medial, es el tracto más importante para el procesamiento táctil propioceptivo

La modalidad de la sensación propioceptiva corresponde al movimiento articular mediante los husos neuromusculares y tendinosos. Se conduce por el tracto ventral espino cerebelar y la columna de *Clarke* (*nucleus dorsalis,* se extiende desde la última vértebra cervical hasta L3-L4). Este tracto, que une cerebelo y médula, permanece en el margen lateral bulbar antes de llegar al puente, donde es proyectado por las neuronas que conforman la oliva inferior. Todos estos axones arriban al pedúnculo cerebelar inferior, que se ubica en el lado derecho de la médula y entra al cerebelo.

19.5.1 PROCESAMIENTO AL DOLOR Y LA TEMPERATURA.

La categoría del reconocimiento de dolor y temperatura comparte la principal regla del registro del tacto discriminativo: Las aferentes primarias ipsilaterales son decusadas en diferentes niveles.

Las aferentes del dolor y la temperatura se instalan en las cuerdas laterales de la médula espinal. Debido a su tamaño, viajan a través del fascículo de *Lissauer* un tramo corto, para luego entrar al cuerno dorsal y hacer sinapsis contralateral con el fascículo espino-talámico lateral.

Las fibras nociceptivas van a diferentes puntos del cuerno dorsal espinal. Las fibras Aδ presentes en lámina 1, ingresan hacia la margen posterior del núcleo propio (*nucleus proprius,* situado por delante de la *substantia gelatinosa* a lo largo del asta posterior de la médula espinal), y hacen sinapsis con el segundo grupo de células nerviosas a relevar, o aferentes secundarios.

La *substantia gelatinosa* procesa información referente al dolor.

Las fibras C entran a la *substantia gelatinosa* (Lámina II, compuesta por neuronas de Golgi tipo II a lo largo del asta posterior de la médula), y hacen sinapsis en las interneuronas, que conducen información

Procesamiento Somato-Sensorial

a otras aferentes secundarias como el fascículo postero-lateral o de Lissauer.

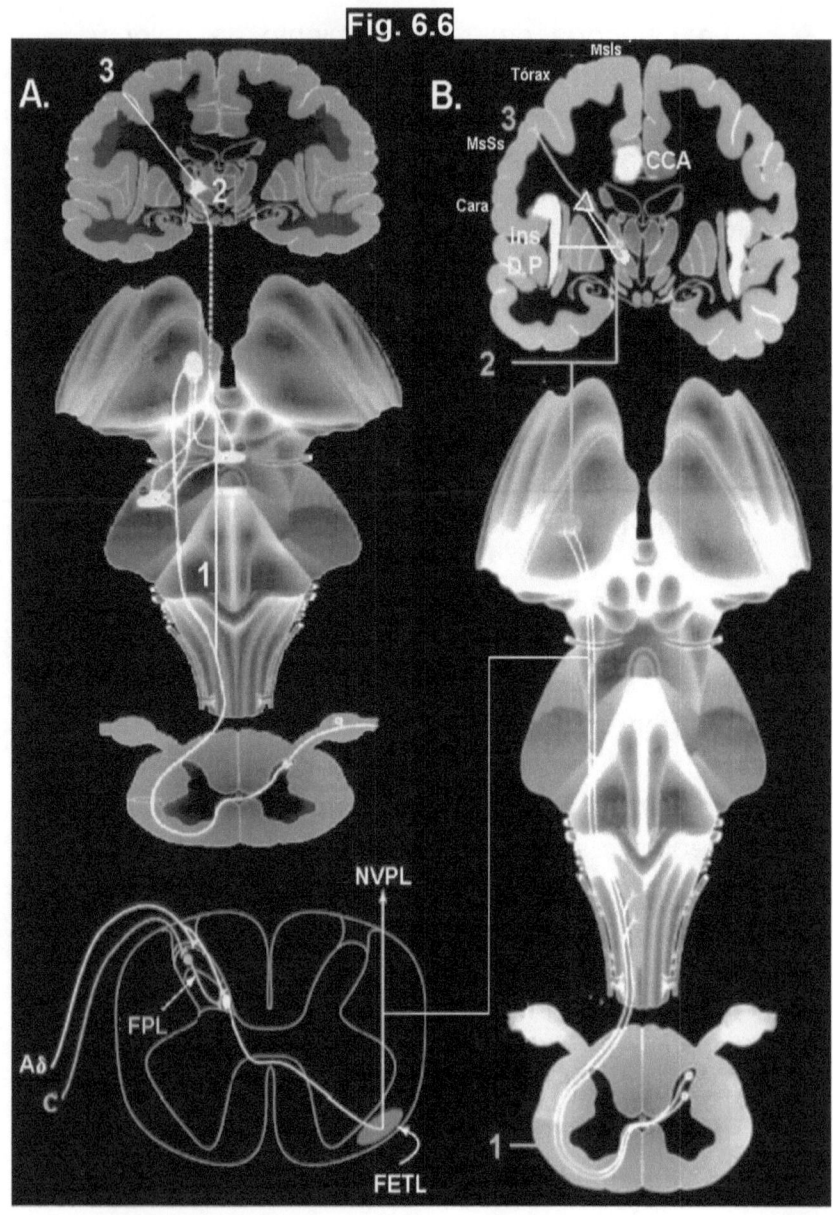

Fig. 6.6

Fig. 6.6 Los tres relevos principales del procesamiento somato-sensorial. A). En el primer contacto con la médula espinal, la información propioceptiva (Línea verde) viaja a través del sistema columna dorsal-lemnisco medial (1). El relevo de la información después de haber pasado por la formación reticular alcanza el núcleo ventral postero-lateral (NVPL). (2). Finalmente llega a corteza somatosensorial (3). La vibración y la discriminación táctil pasan por los fascículos ascendentes posteriores *Gracilis* (toda la médula y fibras largas de seis torácicos inferiores y area lumbosacra) y *Cuneatus* (fibras largas de seis nervios torácicos superiores y todos los cervicales). El arribo al cerebelo puede ser por dos vías: directa, por medio del fascículo espino cerebeloso posterior o de *Flechsig*; y cruzada, utilizando el fascículo espino-cerebeloso anterior o de *Gowers*. Ambos procesan tacto y presión. **B)**. El procesamiento nocioceptivo (color fucsia) sigue la vía del sistema antero-lateral. La información primaria es recibida desde zonas externas y con apoyo del ganglio de raiz dorsal, siendo conducida a través del fascículo postero-lateral de Lissauer (FPL) que hace sinapsis con las ramas de la *substantia gelatinosa* en la lámina II (primera neurona). Cuando se entrecruzan los axones de forma oblicua, ascienden por el cordón contralateral y toma el nombre de (FETL) Fascículo Espino-Talámico Lateral (Segunda neurona). Al llegar a NVPL y núcleo ventromedial en su porción posterior (color amarillo) pasan a la corteza cingulada anterior (CCA), la corteza insular dorsal posterior (Ins DP) y por el brazo posterior de la cápsula interna y la corona radiante para finalizar en área somatoestésica cortical (tercera neurona). El recuadro inferior, ilustra el relevo de las fibras Aδ y C, relacionadas con el dolor y temperatura, cuyos mensajes son recibidos por el FPL y siguen la vía del FETL para llegar al núcleo talámico (NVPL) e integrar la información sensorial. Cuando hay alteraciones entre el tálamo medial y las cortezas involucradas a causa de un daño en la lámina 1 medular, aparece el dolor "central" o intratable, referido por alodinia termosensorial (sensación lancinante fría semejante a una quemadura aguda), con una frecuencia del 25-40% en pacientes con esclerosis múltiple o daño medular. La terapéutica con antidepresivos tricíclicos puede ser mejor que con analgésicos opioides. A partir de Craig, 2002.

Desde el fascículo de Lissauer, la información asciende por el tracto espino-talámico al núcleo ventral posterolateral (Craig, 2002, 2009). Es importante recordar que las vías conectadas con dolor y temperatura tienen múltiples objetivos de conexión en el tallo cerebral y otras áreas fundamentales, pese a su reconocido ascenso a través del sistema somato-sensorial. Por su trascendencia clínica en sus cotidianas manifestaciones y en los mecanismos internos que lo generan, el dolor es analizado con mayor profundidad en el capítulo 18, *«Los niveles de percepción conciencial»*.

> Las fibras que componen el sistema antero-lateral en la médula espinal, procesan las sensaciones dolorosas.

MÓDULO 20

COMO ACTÚAN

20.1 TRAS LA BÚSQUEDA DE UN MAPA CODIFICADOR OLFATORIO

Los humanos pueden reconocer un amplio espectro odorante a través de 1,000 receptores (Axel, 1995). Varios millones de neuronas olfatorias residen en el epitelio sensorial y toda esa información potencial es decantada a través del bulbo olfatorio, junto con sus múltiples conexiones neurales que se expresan en un solo receptor de los muchos que se encuentran distribuidos en el tejido sensorial (Mori, 1999). La percepción actual de los neurobiólogos expertos en este campo se apoya en herramientas de genética molecular, persiguiendo concretar un ansiado mapa de la interacción de los receptores neuronales a odorantes con el resto del mundo (Leon & Johnson, 2003).

Las recepción olfatoria primaria se lleva a cabo por medio de células ciliadas, muy en especial células totipotenciales embrionarias (*Stem Cells*), que constantemente generan neuronas olfatorias (Graziadell, 1979), con todas las propiedades para transmitir un impulso eléctrico a través de los axones sensoriales olfatorios.

> También las neuronas ciliadas olfatorias pueden ser generadas a partir de células madre.

Existen dos tipos de inhibición presináptica en este tipo de células. El primero se produce lateralmente entre las células y los glomérulos, de forma análoga a las células amácrinas retinales. El segundo, de forma indirecta, modifica los patrones de disparo de las células mitrales y otras estirpes neurales, caracterizado de manera similar por las interacciones inhibitorias laterales, muy similar a la retroalimentación presente en las células horizontales de retina.

Cuando un animal inhala moléculas aromáticas, estos elementos se fijan a transductores de membrana tipo proteína G_{olf}, más específicamente a su subunidad α, dependiente de la adenil-ciclasa III y de un nucleótido cíclico, el CNGA2, que opera canales iónicos (Reed, 2003), implicado en la modulación presináptica, por medio de interneuronas inhibitorias en células mitrales (Murphy & Isaacson, 2003) y en modelos de plasticidad sináptica (Cummins & Belluscio, 2008).

El hecho de que puedan canalizarse múltiples olores a través de un receptor obligó a los investigadores a realizar maniobras de neurobiología molecular, iniciada con la manipulación genética de receptores clonados con ADN recombinante, los cuales en laboratorio exhibían reconocimiento a ciertas sustancias, hasta que dicha técnica arrojó resultados más específicos desde el punto de vista de la combinación de los receptores que codificaban las sustancias en estudio (Malnic, Buck, *et al*, 1999).

Por técnicas de hibridización *in situ* se determinó que mil genes codificaban para mil receptores odoríferos, lo que obligó a justificar el planteamiento de que, si en efecto, cada célula nerviosa correspondía a un receptor (Axel, 1995). Los primeros resultados por diferentes procedimientos, incluyendo PCR (reacción a la cadena de polimerasa), que consistía en ampliar la lectura de ADN durante la clonación de proteínas, arrojaron que, de los mil receptores que se tenían considerados, sólo se expresaban en el 0.1 % de las neuronas olfativas. Esto concordaba

> El nervio olfatorio es el único que utiliza su propia corteza para procesar información sensorial.

con la hipótesis que sentaba las bases para fundamentar la idea de un mapa respecto del primer par craneal; en pocas palabras, para cada célula nerviosa, un receptor.

Lo anterior cubre ciertas expectativas, pero no todos los interrogantes concernientes al procesamiento espacial de las aferentes olfativas, las cuales parecen escoger a su receptor mediante patrones aleatorios y azarosos. Los especialistas, guiados por su olfato neurocientífico, han realizado experimentos colocando como objetivo al receptor accesorio del órgano vomero-nasal, que codifica para feromonas, y hallando una secuencia de aminoácidos muy diferente, lo que les hace concluir que, a pesar de tener una localización olfatoria relativa y muy cercana, sus vías de recepción son diferentes (Buck, 2000), aunque parecen converger de alguna manera en su conjunto glomerular y piriforme (Choi et al, 2011).

> La vía olfatoria tiene neuronas que nos ayudan a orientar de donde provienen los olores.

En el mismo problema de la orientación espacial, esta disposición sensorial abarca la manifestación de convergencia neural hacia el glomérulo. Lo más interesante es que, a pesar de estar demostrado, parece ser que existen competencias independientes de selección en cada uno de los dos mil glomérulos para un olor diferente, lo que dificulta aún más la formación del mapa de receptores olfatorios

(Vassar *et al*, 1994; Mori *et al*, 1999, Choi et al, 2011).

> La percepción olfativa es muy rápida y tiene asociaciones con el sistema límbico.

En muchos conjuntos sensoriales, la proyección de las indicaciones periféricas al SNC crea una representación topográfica, que en la escala olfativa cuesta mucho trabajo concretar por la variedad de receptores y la volatilidad de los aromas, lo que dificulta definir el receptor en el momento de evaluarlo, a pesar de las herramientas biomoleculares utilizadas (Wang & Axel, 1998). Ya en este siglo, la combinación de receptores marcados genéticamente se coloca como la acción más prospectiva para reconocer el verdadero papel de glomérulos y receptores odorantes respecto de los problemas que les presenta el medio ambiente a los científicos que persiguen el preciado mapa topográfico de los receptores al primer par craneal (Reed, 2003). En la búsqueda constante hacia la cartografía sensorial olfativa ideal, los hallazgos más recientes se centran en la función axonal de las diversas estirpes neurales no mitrales, que tienen un patrón de conectividad "recíproca", como parte de la alternativa que brinda la impresionante gama de conexiones entre las 10 millones de células olfatorias (Lodovicchi *et al*, 2003).

Otro problema que deben enfrentar los neurobiólogos está orientado un poco más a los «*status*» de conciencia que prodiga el nervio olfatorio (ver parte V, *Niveles de conciencia y cognición*). En el aspecto que es ligado neuralmente a hechos traumantes, el olfato parece involucrarse en forma íntima con los mecanismos de memoria, incluso a largo plazo. Los olores que circundan dicha circunstancia quedan notable y rápidamente almacenados de manera muy eficiente, y en ocasiones pueden permanecer por días, meses, y hasta años, interfiriendo con las actividades cotidianas (ver apartado 6.2.4, *El Gusto es Mío*).

Es común escuchar que podemos recordar olores, sobretodo de la infancia. Es común incluso que en eventos memorables importantes, un aroma se fije en la memoria de tal forma que produzca sensaciones inesperadas cuando recordamos. Esto obliga a pensar que las vías olfatorias, se conectan a gran velocidad con estructuras límbicas. De forma específica, recordamos un olor a gas y los mecanismos de supervivencia, nos producirán respuestas adrenérgicas (*Cfr.* Libro 14, sobre memoria emocional). Los neurocirujanos, y en general cualquiera que se dedique a procedimientos quirúrgicos de distinta índole, por ejemplo, al usar pinzas bipolares o artefactos que tienen como fin cauterizar tejidos, basados en su experiencia pueden incluso llegar a discriminar el cambio de los olores del parénquima cerebral durante un incidente de combustión tisular. El

> La corteza olfatoria tiene un componente neuronal epistémico.

obstetra, en particular, podrá discernir con eficacia durante una cesárea, mediante el uso de su memoria a largo plazo, la diferencia entre un olor placentario y una hemorragia uterina; el gastroenterólogo quirúrgico diferenciará con exactitud la perforación por proyectil de arma de fuego, de una úlcera o una ruptura hepática.

> El mapeo olfatorio tiene implicación sensorio-emocional.

En otras palabras, el primer impacto suele «marcar al individuo» con acontecimientos que no son cotidianos, semejando contingencias azarosas. Para testigos de hechos violentos, o bien investigadores forenses que no participan de manera directa en actividades propias de la medicina, el olor a sangre fresca, la sensación de carne humana quemada o el trauma de asistir por primera vez a una necropsia, así como los olores ambientales evocados que guarda una persona violada, son hechos que serán determinantes en su archivo de memoria olfativa, con lógicas consecuencias emocionales objetivas, como resultado de los aspectos funcionales de estructuras límbicas específicas, y de acuerdo con las reacciones individuales (Ver Parte III, Las Aplicaciones de Alto Orden, en Indice General).

De esta forma, un paradigma molecular de plasticidad sináptica entre las estructuras parahipocampales y el bulbo olfatorio, se antoja viable. La estrategia experimental, *per sé,* es un conocimiento *de facto* para comprender un mapeo integral que traduzca un puente entre la integración de la memoria emocional y procesamiento odorífero (ver Libro 14: "Del Olvido Al No Me Acuerdo, Memoria Emocional y Afectiva; en esta *Summa Neurobiológica*).

Basados en los planteamientos de páginas anteriores, tal mapeo estructural se apoyaría en la adaptación genéticamente predeterminada de receptores en axones glomerulares, bipolares o mitrales (Mombaerts, 2001, 2006). Esto, pudiese ser aprovechado bajo paradigmas de *metaplasticidad* neuronal (Dunfield & Haas, 2009), partiendo de evidencias como las de los murinos, cuyo potencial sináptico, topográficamente hablando, se basa en un promedio de 1800 glomérulos por cada bulbo olfatorio (Mombaerts et al, 1996).

En la actualidad, los científicos podrían inferir expectativas a partir del paradigma de sobre-exposición a odorantes que generan fortalecimiento sináptico en células glomerulares, produciendo nuevas circuiterías desde la formación de glomérulos supernumerarios (Valle-Leija et al, 2012). Bajo este canónico modelo, el mapeo sensorial es potencialmente tangible, si utilizamos la retropropagación computacional de la TEN, la Teoría de la Epistemología

> El principio de plasticidad sináptica es pieza clave para integrar un ostensible mapeo olfatorio.

Neuronal (Ver Apéndice Algorítmico, Libro 12).

20.2 LA FOTOTRANSDUCCIÓN: DEL FOTÓN A LA CONTRIBUCIÓN QUÍMICA PARA LA IMAGEN.

Una de las vertientes experimentales biofísicas más notables que se desempeñan en la neurobiología contemporánea es el estudio del procesamiento fotónico por unidades biológicas. El cúmulo de reacciones físicas y químicas, que se inician con la absorción de un fotón y culminan con la estimulación del nervio óptico, no es más que un registro de transducción de la luz para su posterior análisis por el cerebro: expresión denominada, fototransducción. Los bastones se encargan de la visión monocromática y tienen discreta resolución espacial. Los conos, a su vez, median la sensibilidad al color, en particular la percepción de azul, verde o rojo (Nathans, 1987), y son más útiles en luz diurna, con especialización de alto contraste. A su alrededor se encuentran alrededor de 10^8 moléculas pigmentarias, o 250 mil por micrómetro cuadrado si suponemos un área de 40 micras por receptor. El espectro de absorción de luz ha sido medido en 500 nm, lo que significa que percibimos óptimamente la luz con esa longitud de onda (Marks *et al*, 1964).

> Los cambios moleculares inmersos en la trasducción de señales lumínicas, pueden ajustarse incluso, más de un millón de veces; ¡por milisegundo!

La molécula encargada de absorber la luz es la rodopsina, cuya síntesis depende de la *opsina*, conformada por el cromóforo 11-cis vitamina A, un aldehído que se conoce como retinal. La isomerización, o cambio de configuración química fundamental para la visión -transición de *11 cis* a *todo trans*- se lleva a cabo en fracciones de segundo (Wald, 1968). Señalemos, para ejemplificar, que el paso de metarodopsina I a metarodopsina II, crucial en los eventos bioquímicos de la transducción, oscila entre el rango de un microsegundo a un milisegundo.

> La transducción de señales lumínicas es a cargo de la rodopsina

La regeneración de los pigmentos puede tomar minutos, pero la estabilidad de la rodopsina a la oscuridad es bastante notable, y es tan específica que se ha calculado que la isomerización térmica espontánea de una sola molécula, si se diera, ocurriría una vez cada 3 mil años; o, según Dennys Baylor, 10^{23} veces con mayor lentitud que la fotoisomerización.

La rodopsina ha sido trabajada a partir de su análogo, el *Halobactertium halobium,* por lo que en investigación es conocida como bacteriorodopsina, una proteína de 248 aminoácidos (248 AA). Lo que han hecho los científicos, entre ellos el premio Nobel 1968 Har Hobind Khorana, es determinar los marcadores genéticos de la particularidad y la sensibilidad a determinada fracción de luz (Lisina 216-Serina 193), lo que significa que, al alterar la secuencia de AA por vías de protonación-desprotonación, puede concebirse la mutación y la translocación de protones que tienen las proteínas membranales al paso de la luz (Khorana, 1988). Con el desenmascaramiento molecular de la bomba de protones aplicado a la fisiología de la visión, Khorana esculpe el cimiento que servirá como puente entre la biología aplicada y la neotecnología, rediseñando los marcadores moleculares y, con ello, brindando un trabajo magistral a las secuencias de aminoácidos para este pigmento visual. A partir de esto, Jules Nathans clona un gen humano de 348 residuos de aminoácidos con siete regiones hidrofóbicas, y describe que la lisina -AA que fija al retinal y a la opsina- se relaciona con un séptimo codominio de una proteína transmembranal (Nathans & Hogness, 1984). Tras algunos años de dedicación, en el presente, los científicos pueden entender cada una de las interacciones entre aminoácidos y demás componentes químicos conocidos, como los implicados en la estabilización de la rodopsina durante las veloces y complejas secuencias de fototransducción (Rader *et al*, 2004, Sommer et al, 2014), lo que indica que, en términos de investigación molecular, el campo para la investigación en esta área, aun ofrece muchos interrogantes por resolver.

> El epistema proteico, juega un papel importante en la foto transducción

20.2.1 EL PAPEL DEL CALCIO Y EL GMPc.

Casi al finalizar el pasado siglo XX, se demostró en términos biofísicos que el principal responsable de la transducción en retina era el GMPc, y no el calcio, durante muchos años considerado garante por su influencia en la sensibilidad de los bastones a la luz, así como en su adaptación a la oscuridad (Fesenko *et al*, 1985). Basados en experimentos de disminución de calcio intracelular en la oscuridad y los índices de recuperación de la respuesta a un destello único de luz, se ha concluido que este catión es un elemento clave en la adaptación de la luz (Sampath & Baylor, 2002) y para la formación de conos retinales con guanina (Novales, 2011).

> ¿Cómo actúa el GMPc en la foto transducción?

Es conocido además que, en condiciones fisiológicas, las concentraciones de calcio intracelular -medido por el método de fluorescencia utilizando el compuesto Fura-2- es de 200 nM (Ratto *et al*, 1988). A su vez, el calcio circulante en el segmento externo, dependiente de canales activados por ligando tipo GMPc y excitados por sodio y potasio, intercambian 2×10^7 iones de calcio por segundo, o lo que es lo mismo 30 micromoles por segundo en un picolitro de volumen(22). Por lo tanto, la importancia del calcio a nivel intracelular radica principalmente en que su concentración (200 nM) regula el nivel de GMP cíclico, controlando la guanilato ciclasa.

Los bastones y conos tienen un potencial de membrana de -40mv en la obscuridad, y el potencial de equilibrio del ión potasio es de -80mv. Lo anterior explica que en el segmento externo exista un gradiente electroquímico a través de canales abiertos, por donde transita el sodio. La luz causa una hiperpolarización y el cierre de canales catiónicos en la membrana celular del segmento externo (Fesenko *et al*, 1985). En un plano de alta exquisitez biofísica, a finales de los años ochenta, Baylor y Yau, describieron que la entrada de iones de sodio es doce veces mayor que el influjo iónico de calcio, debido al gradiente electroquímico (permeabilidad 12,5 a I), y concluyeron que en la retina existen canales activados por ligando, o GMPc. También encontraron que estos canales no se bloquean por tetrodotoxina, que tienen baja selectividad tanto a potasio como a sodio, y demostraron con experimentos de gran elegancia que la conductancia de un canal único de 0.1 picosiemens puede incrementarse hasta 20 picosiemens, si y sólo si son removidos los cationes divalentes como el calcio (Yau & Baylor, 1989).

La fototransducción es, pues, el proceso mediante el cual entendemos lo que vemos y, en términos moleculares, es también la

> El GMP cíclico y el calcio, son los segundos mensajeros que promueven el proceso molecular en la visión.

hidrólisis de un nucleótido cíclico (GMPc) postestimulación fotónica, en virtud de una enzima que rompe enlaces ésteres y que es activada por una proteína efectora (la rodopsina).

La disminución de la concentración de GMPc interno, a partir de su lisis, ocasionada por un flujo de luz, se realiza durante la síntesis de metarrodopsina II. Esta última es activa en términos enzimáticos, y actúa sobre una proteína G a la que se denomina transducina (Stryer, 1987). A través de la metarrodopsina II, el GDP interactúa con el GTP de la subunidad α de las proteínas G (*Cfr.* Libro 7), lo que ocasiona la separación de las subunidades restantes, así como las funciones de regulación específicas para transducina alfa y transducina beta-gama, respectivamente, activando la fosfodiesterasa, enzima que hidroliza al GMP cíclico. Así, disminuye la concentración de GMPc, se cierran los canales de sodio y se hiperpolarizan los bastones (Burns & Baylor, 1989). La cascada anterior finaliza con la fosforilación del carboxilo terminal en el sitio de acción de la metarrodopsina II. Dicha cascada de GMPc provee una gran amplificación a las respuestas de luz. Una sola molécula de este ciclo puede liberar cientos de subunidades alfa de proteínas G, y cada una de ellas activa la fosfodiesterasa, ocasionando el cierre de canales de sodio por hidrólisis del GMPc.

> La isomerización de la rodopsina, es asociada a dispositivos enzimáticos y proteicos muy sofisticados.

> Los primeros 20 ms, que tarda una imagen en ser procesada son mediados esencialmente por GMPc.

En un detallado trabajo publicado en tres partes, el también Nobel, Allan Lloyd Hodgkin, junto con Dennys Baylor, pudo predecir en los años setenta que, en los conos de retina de tortuga, la respuesta de luz de 20 milisegundos implicaba ya cambios en GMP cíclico, mucho antes de alcanzar un pico proyectivo en 100 milisegundos (Baylor *et al*, 1974). De hecho, los biofísicos creen que existe una estrecha relación entre el tiempo de respuesta de una señal química y su capacidad de difusión, sobretodo en modelos animales específicos que procesan luz bajo condiciones especiales de fotorecepción (Novales, 2011).

Esto va de acuerdo con las teorías de Albert Einstein, basadas en la difusión de una molécula en una densidad de 7×10^{-6} cm^2 seg (equivalente a la de un pequeño neurotransmisor o segundo mensajero en solución libre), que ilustran la electrodinámica de los cuerpos en movimiento y el curso de una partícula en varias dimensiones, con respecto del tiempo (Einstein, 1905). Dicha teoría nos explica por qué una molécula hidrolizada a partir de la transducina es capaz de cerrar los canales de sodio y mantener la despolarización constante en condiciones de oscuridad. Las situaciones intracelulares que se llevan a cabo en especial dentro de las células retinales, principalmente bipolares y ganglionares, tienen comportamientos diferentes dependiendo de la luz u oscuridad.

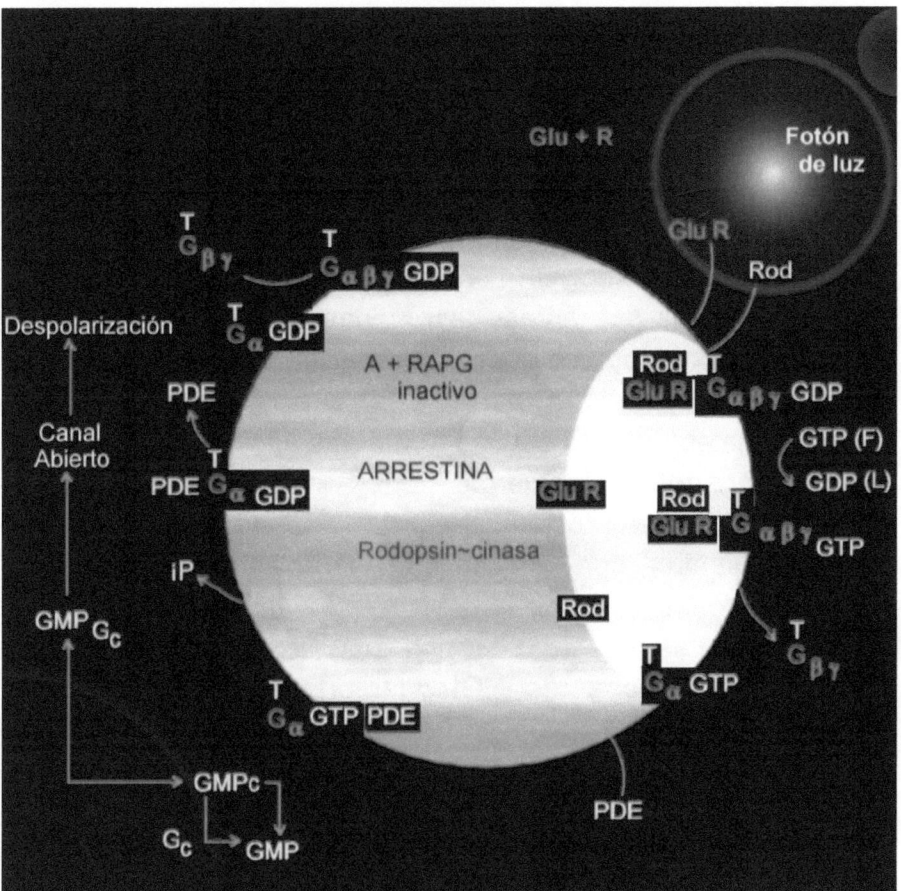

Fig. 6.7 Integración Fototransduccional. Se ilustran dos vías, Transducina~Rodopsina (letras verdes) y la participación del Glutamato (Letras rojas). La respuesta post-sináptica a Glutamato en una célula bipolar "ON". El aminoácido excitatorio Glutamato, se une a su receptor (Glu + R). Toda la vía, es igual a la de la Rodopsina ~ Transducina (Rod~T), requiriendo del binomio GDP-GTP para su engrane molecular. (GTP F y GDP L, indican el proceso de Fijación y Liberación durante la conversión GTP~GDP). La disociación de proteína G en subunidades α, β-γ, debe cumplirse idénticamente para la Transducina, la proteína G, especializada en fototransducción. La fosfodiesteresa (PDE), realiza su papel mediador para la optimización del GMPc vía Guanilato Ciclasa (Gc), importantísimo para la apertura de canales iónicos en neuronas bipolares (letras amarillas). En azul, el mecanismo de inactivación a cargo de la Arrestina, vía cinasa de rodopsina. (iP, es un inositol fosfatado).

> Las células parvo celulares (X), procesan el color proveniente de los llamados conos retinales.

Aunque existe un modelo de campos receptivos *«On»* y *«Off»* en estas estirpes celulares (Kuffler, 1953), la viabilidad experimental, más de medio siglo después, es basada en el poderío molecular. Basados en el modelo de "doble oposición", se tienen evidencias de una sofisticación en estos principios operantes, observando que existen neuronas sensibles al color en las células parvocelulares (X) del NGL, las cuales, envían señales a la corteza con mediación de segundos mensajeros. Estas modalidades tipo «interruptor encendido y apagado» se presentan con detalle en referencia a las neuronas de la corteza visual como parte de las rutas de transducción que se realizan entre las capas del NGL y la corteza cerebral (Ver Fig. 4.13, Libro Cuarto, *En Busca del Pensamiento Perdido*).

Para finalizar, otra proteína importante en la fototransducción es la arrestina, que -con sus 48 Kd de peso- evita la fosforilación de la rodopsina por la rodopsina cinasa. Su función es mermar el desempeño de la rodopsina en su región carboxilo-terminal, donde ésta cuenta con nueve residuos de serina-treonina que son sitios de fosforilación. Desde el punto de vista estructural, la arrestina tiene una secuencia de aminoácidos muy similar a la beta -arrestina, que se encuentra en los receptores adrenérgicos. La fosforilación en éstos se lleva a cabo por la cinasa del receptor beta adrenérgico BARK, y la existencia de estos cofactores sugieren analogías con el sistema de fosfodiesterasa-rodopsina ya descrito. Juan Codina, del Baylor College, y el grupo de Martin Lohse, en Carolina del Norte, a finales del siglo XX comprobaron el acoplamiento de esta molécula a una proteína G (Lohse, Codina, *et al*, 1990).

> La arrestina, una proteína encargada de regular la foto transducción por rodopsina, es modulada por la acción de una proteína G.

20.2.2 ¿RESPUESTAS CUÁNTICAS EN LA VISIÓN?

La estocástica de un paquete cuántico nos trasporta inevitablemente a la biofísica y al comportamiento de los iones y la neurotransmisión en su paso a través de una membrana, en este caso de los fotorreceptores (Ver Libro 8). Para determinar un "*cuanto*" de luz, a principios de los 70's, Dennys Baylor, siguiendo la línea del potencial de acción y la estimulación eléctrica de las neuronas pudo discernir y cuantificar ampliamente, el proceso de liberación de fototransmisión en la retina. Basado en sus análisis, concluyó que en reposo y en la oscuridad, existe una corriente entrante despolarizante en la membrana del segmento externo de un cono o bastón, lo que ocasiona que continuamente se esté liberando neurotransmisor. Posteriormente Baylor y sus colegas, registraron con técnicas avanzadas de electrofisiología "un solo *cuanto* de luz"; detectando en el segmento externo de un bastón mediante pulsos luminosos, la apertura y cierre de canales. Un destello único de luz cerraba los canales causando una disminución de la corriente durante la oscuridad, desde luego de naturaleza cuántica. Determinó así que esta corriente unitaria de la membrana de los bastones en primate, causada por un solo fotón equivalía a 0.5×10^{-12} amperios, (0.5 picoamperios) (Schnapf & Baylor, 1987). Debe considerarse, que dependiendo de la gran estabilidad de los ya nombrados pigmentos visuales y las isomerizaciones al azar; los cierres espontáneos se convierten en eventos muy raros.

Debido a la amplificación de la cascada de GMP cíclico antes descrita, un solo cuanto de luz puede cerrar hasta 300 canales (Yau & Baylor, 1989). Esta cifra es, tan sólo un 3 a 5% de los canales que se encuentran abiertos en la oscuridad.

> El procesamiento lumínico en sus primeras fases de procesamiento retinales, ha sido cuantificado en femto segundos.
> $1 fS = 1 \times 10^{-15} S$

20.2.3   POR ÚLTIMO: ¡ EL FEMTOSEGUNDO !

Para dar una idea de la magnitud de la unidad, sólo se establece la certeza de que su equivalencia es la mil billonésima parte de un segundo (1×10^{-15} s). En la Universidad de Berkeley, en California, se han desarrollado técnicas para cuantificar en tiempo estadíos de la fisiología y bioquímica de la retina. En este caso se ha podido dilucidar que la isomerización de la rodopsina se realiza en 200 femtosegundos (Wang *et al*, 1994; Schoenlein *et al*, 2000). R.A. Mathies, del departamento de Química de Berkeley, pudo constatar que la isomerización *(conversión de 11- cis a todo-trans)* de la bacteriorodopsina ya descrita tendría una resolución temporal de 10 femtosegundos (Loppnow & Mathies, 1988).

En Japón, brindando pulsos de magnitudes de picosegundos (10^{-12} segs), el grupo de Y. Sichida, registró para la fotorrodopsina una longitud de onda intermedia de 570 nm, y para el fotoproducto rojo de su misma síntesis, la batorrodopsina, detectó un cambio a 535 nm en 40 picosegundos (Kandori *et al*, 1989). Estos estudios sobre las dinámicas iniciales de la isomerización pueden ser realizados mediante análisis de intensidad de espectroscopía de resonancia y estudios de determinación cuántica, que se llevan a cabo en la escala del sub-picosegundo (Loppnow & Matthies, 1988).

> Para entender la isomerización de la rodopsina, se requiere de análisis cuántico.

Bajo estas premisas, los científicos diseñaron un aparato basado en los colores elementales descritos por Jules Nathans y su teoría de la descomposición del color, con fundamento en los genes que él clonó. Desarrolló un método láser azul-verde graduado en femtosegundos, que genera pulsos tipo láser de 400 hertz, y una bomba de amplificación en longitud de onda con capacidad de 620 nanómetros, los cuales

> Los científicos han podido detectar con bombas de rayos láser y pulsos amplificados de luz, fases del procesamiento visual en fracciones de tiempo tan pequeñas como la mil billonésima parte de un segundo.

podrían registrarse en pulsos de 50 femtosegundos, con impactos de energía de varios microjoules.

Lo anterior se realiza por medio de pulsos amplificados que generan la luz blanca en una bomba de emisión reamplificada de rayo láser. Utilizando una bomba estándar de pulsos en femtosegundos (fs), la rodopsina (extraída de segmentos externos ultracentrifugados de 400 retinas de bovino en gradiente de sacarosa) tiene cambios en su absorción.

A partir de este principio, los científicos generaron pulsos de 35 fs, produciendo una longitud de onda de 500 nanómetros, algo muy cercano a los rangos estipulados por los japoneses, para los fotoproductos de la isomerización.

A principios de los noventa, para medir específicamente la absorción se utilizaba una bomba de amplificación, que enviaba los pulsos cada 35 fs y generaba cargas de energía de 400 microjoules por cm^2. En esos experimentos, los espectros temporales diferenciales se midieron sobre una banda de ruido de 10 fs, utilizando un diodo dual y un espectrómetro como detector. Los transientes de absorción siempre variaron entre 500 y 570 nm y, para demostrar absorción, hicieron detecciones de 535 nm en la banda azul del fotoproducto de la rodopsina absorbida; esto es, la medición del paso de foto a batorrodopsina por los cambios en la longitud de onda que se realizó en menos de 200 fs. Esta veloz situación sugería que la isomerización de la rodopsina ocurría bajo un régimen de alta coherencia vibracional, discutida por quienes se dedicaban a estas tareas (Wang *et al*, 1994). Tal coherencia vibracional es la forma más elocuente de confirmar que la utilización de estas subfrecuencias temporales son útiles en la determinación de ciertos estadios bioquímicos, en especial la detección de una sola vibración en estas pequeñísimas fracciones de milisegundo. Durante los últimos años, C.V Shank y R.W Schoenlein, pioneros del estudio de la detección de la fototransducción en el tiempo, algo así como detener las etapas de la luz y retar las leyes elementales de la física, pudieron generar pulsos menores en la escala del femtosegundo, utilizando un acelerador de partículas como los que se usan en la obtención de positrones atómicos; o sea, las partículas de oposición de carga de los electrones, con los que se realizan los estudios de neuroimagen más revolucionarios de principios del siglo XXI (Schoenlein *et al*, 2000; Raichle, 2003, Kukura et al, 2005).

> Con aceleradores de partículas, se logran entender complejos procesos asociados a la foto transducción

Con estos hallazgos se demuestra una vez más que la biofísica resulta ser una herramienta poderosa en neurobiología. Sin embargo, los caminos que con esto se puede inferir implican evaluar si este grado de coherencia podría ser similar a un patrón de coincidencia similar al que se presenta en las demás células de SNC, que procesan los impulsos de manera un poco más lenta, en el orden de milisegundos y que se asocia con el patrón fractal coincidente, la unidad cuántica-estocástica de la fórmula de la TEN (Zambrano, 2012).

De ser así, existiría la posibilidad de comprender principios intrínsecos de interacción proteica que se lleven a cabo en fracciones de menos de un segundo; o sea, en niveles del sub-picosegundo (*Cfr.* Libros 11 y 19).

20.3. LA LOCALIZACIÓN DEL SONIDO

> La actividad del calcio en neuronas ciliares, ocasiona la despolarización que inicia el procesamiento auditivo.

El oído es el órgano que materializa las percepciones vibrátiles esparcidas por el aire, a través de estructuras mecanosensoriales que traducen la vibración mecánica en señales eléctricas, que son conducidas por neurofibrillas denominadas cilios, ubicados en la cóclea, con una población que oscila entre 25 y 30 mil fibras nerviosas. Las células ciliares funcionan con organizaciones similares al intercambio iónico, despolarizando la membrana bajo la interacción despolarizante causada por el influjo de calcio, así como mediante hiperpolarización, que se debe a la participación del potasio y ocasiona el incremento de la probabilidad de cierre de los canales de calcio, lo que se traduce en una disminución del ingreso de calcio a la célula (Hudspeth AJ, 1985), que también puede ser dependiente de proteínas que modifican el voltaje (Nin et al, 2012).

Por su diseño mecánico, y la especificidad de conducción en periacústica, el ser humano es capaz de detectar sonidos entre 20 y 20 mil *hertz* (vibraciones por segundo), alcanzando su mayor sensibilidad entre los mil y cuatro mil hertz (Hz), con un grado notable de resolución espacial. Los impulsos auditivos se procesan en el tallo cerebral de manera bi-aural, separando los datos en magnitudes temporales y en intensidad de la señal, que son claves para la localización del sonido.

> Las células de la vía auditiva, pueden detectar 20 mil vibraciones por segundo.

El comportamiento individual de cada célula nerviosa se afina para un rango limitado de frecuencias, proporcionado por lo que se conoce, en términos de comunicación y en ingeniería acústica, como la anchura de banda. Esta información multidimensional asciende en modelos paralelos a las áreas corticales y subcorticales auditivas que analizan las características del sonido (intensidad, tono, timbre) para localizar el estímulo.

A finales del siglo XIX, los científicos más dedicados al estudio de los fenómenos físicos auditivos tonales estudiaban el paso del sonido a través de rudimentarias barreras que les servían para comprender las emisiones transferidas desde un piano, que respondían a frecuencias de 261 Hz (Von Helmholtz HLF, 1877), mientras que la amplitud de la onda acústica era medida en decibeles. En la época contemporánea, analistas físicos como George Ohm explicaban el hecho de la vibración que chocaba contra las membranas timpánicas bajo técnicas de análisis espectral descritas por J. Fourier, con base en ondas de diferentes amplitudes y frecuencias; así nacieron las bases teóricas que conforman las características del sonido.

> ¿Qué tipo de neuronas se especializan en la distinción de los decibeles?

En modelos humanos, estas barreras juegan un papel preponderante para el reconocimiento acústico, ya que desde los cilios cocleares interactúan con la membrana tectorial. Cuando la membrana basilar se mueve hacia arriba y hacia abajo, se inicia la señal que desencadena la acción del complejo olivo-coclear, que también resienten otras membranas como la vestibular y la del tímpano, que vibra de acuerdo con su origen etimológico (del *latín,* tambor).

La función esencial del núcleo neural olivar superior es localizar el sonido a través de dos medios principales: 1) Dependiendo del lado por donde se emite la onda sonora, ésta atraviesa el oído contralateral en cientos de microsegundos, y sus potenciales de acción se disparan respetando la intensidad del *input* binaural. 2) Existe un velo interauditivo que es el causante de que muchas veces no pueda ser localizado de inmediato el sonido por ambos oídos.

La discriminación auditiva está dada por la organización tonotópica de las fibras procedentes del NGM, orientadas a nivel cortical, y la homología aparente de la corteza auditiva primaria (CAI) depende del factor organizativo de la escala filogenética. En humanos, la CAI está ubicada dentro de la circunvolución temporal transversa de Heschel, exactamente en el plano supratemporal del giro temporal superior. Los estudios en este campo, demuestran que existen capas subcorticales en esta área que modifican las funciones cerebrales superiores de la audición, las cuales se efectúan mediante un procesamiento jerárquico de tipo paralelo (Wallace *et al*, 2002; Semple & Scott, 2003). Igualmente, se ha puesto en evidencia mediante neuroimagen la activación simultánea de las cortezas parietal posterior y temporoparietal durante la interacción audio-táctil (Gobbele *et al*, 2003), siendo ésta una

> Las neuronas que constituyen el núcleo olivar superior, son las responsables del procesamiento neural que implica la localización los sonidos.

de las demostraciones que apoyan los recursos experimentales que se han realizado con anterioridad en este campo (Price, 2012), y que conectan la perfecta sincronización que puede existir entre las cortezas de asociación y la memoria en las tareas cerebrales de alto orden (*Cfr.* Libro 13).

20.3.1 EL "QUÉ" Y EL "DÓNDE", EN LA VÍA AUDITIVA Y SU APLICACIÓN DE ALTO ORDEN

> El procesamiento auditivo tálamo-cortical sigue dos vertientes: una para la localización espacial y otra para reconocer específicamente el objeto que emite el sonido.

El procesamiento paralelo comienza con la proyección bi-columnar desde el NGM hacia múltiples campos subcorticales de la CAI. Estas dos modalidades se entienden como las corrientes *«Qué y Dónde»* de la audición (Rauschecker JP & Tian, 2000; Romansky & Goldman-Rakic, 2002). La corriente dorsal *(dónde)* está implicada en los eventos espaciales, y la vía ventral *(qué)* reconoce el objeto y tiene sus objetivos de vinculación en el lóbulo temporal. Estudios reportados presentan, en imágenes cerebrales con TEP, la distinción funcional de las dos vías, demostrando que la corteza parietal inferior está involucrada en la integración sensorio-motora y la transformación espacial del estímulo (Semple & Scott, 2003; Zatorre *et al*, 2002). Esto significa el movimiento de localización de la cabeza hacia el espacio donde se origina el sonido.

En el siglo XXI, los investigadores enfilan sus baterías hacia estos fundamentos de comprensión. Mortimer Mishkin y su grupo, sugieren que la vía auditiva del *dónde,* podría ser parte de un mecanismo multimodal, auditivo y visual, que se dedica a "mapear" el registro de localización y movimiento como si esta área, la CAI, fuera una corteza de asociación subespecializada en el lóbulo temporal (Poremba *et al*, 2003), en donde juega un papel determinante la ínsula de *Reil*, debido a sus comprobadas actividades multimodales, que también han sido estudiadas desde el punto de vista de la neurobiología comparativa.

En el Departamento de Neuro-Otología del Hospital Real de Neurología y Neurocirugía de Londres, los investigadores describen la relación entre la ínsula izquierda y las tareas de asincronía temporal en la integración audiovisual, y responsabilizan a la ínsula derecha de la localización del sonido en movimiento (Bamiou *et al*; 2003).

Este hallazgo orienta a nuevas perspectivas en la que se infieren dos vías de procesamiento en la vía auditiva, una ventral y una dorsal, de la misma manera que operan para los procesamientos de integración de la vía visual, en que una rama procesa el espacio y la otra, identifica el *qué* de los objetos.

> Los mecanismos de integración auditiva, son cruciales para dimensionar el potencial conciencial de las redes neuronales.

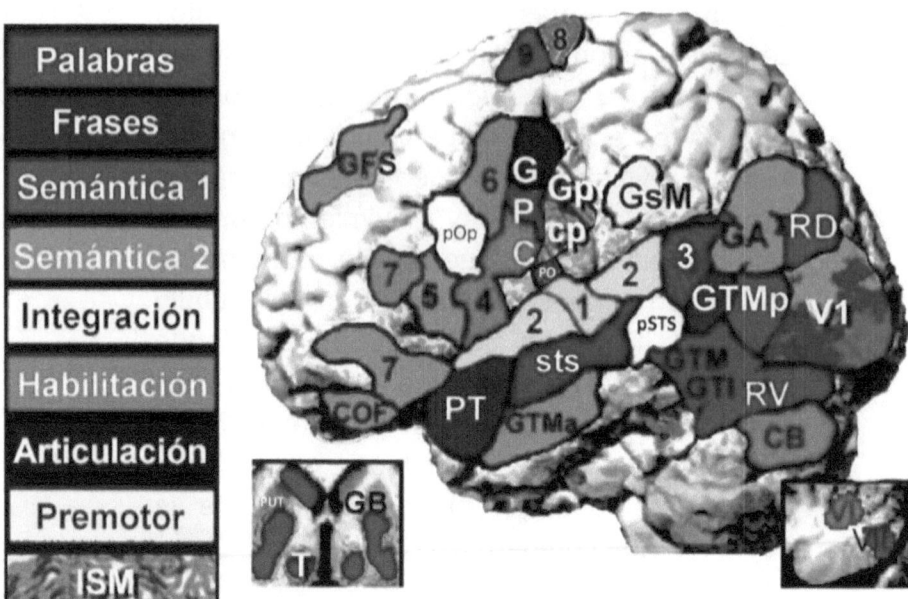

Fig. 6.8. Correlatos de la vía auditiva con funciones de alto orden. Las áreas, de integración semántica 2, son semántico fonológicas e integran ramas del giro angular TPO hasta corteza frontal. Las áreas de integración son *pars opercularis* del área de Broca y sts, del Area de Wernicke. En el giro precentral y *pars opercularis* hay recuperación (habilitación) de la palabra. GTMp y PT, procesan la integración audio-semántica de una frase. **1.** Área auditiva primaria **2.** Área auditiva secundaria, **3.** Unión temporo-parietal **4.** área premotora ventral **5,** *pars opercularis* ventral, **6.** *Pars opercularis* dorsal **7.** *Pars triangularis* **8.** Area Motora Suplementaria **9.** Area premotroa suplementaria. **CB,** Cerebelo; **COF,** Corteza orbitofrontal; **GA** Giro Angular; **GB,** Ganglios basales, **GFS,** Giro Frontal Superior, **GPC,** Giro precentral. **Gpcp,** Giro postcentral. **GSM,** GiroSupraMarginal; **GTI,** Giro Temporal Inferior, **GTM,** Giro Temporal Medial; **GTMa:** GTM anterior; **GTMp:** GTM posterior; **sts**, Circunvolución temporal superior; **PT** Polo Temporal; **RD,** Rama dorsal de V2; **RV:** Rama Ventral de V2, **T,** Tálamo; **V1,** Corteza Visual Primaria, **V2** Corteza visual secundaria. **VI** y **VII** son lóbulos cerebelares anterior y posterior (Price, 2012).

Un categórico trabajo de recopilación de más de 20 años de experiencia en RMf y TEP, demuestra que hay importantes avances en la integración sensorial de la vía auditiva cuando se procesan palabras, oraciones y existe un correlato motor con las áreas implicadas en la articulación de la palabra (Price, 2012). En él, se correlacionan algunas inferencias de Mishkin y colaboradores, especialmente para el polo temporal y para la función auditiva integral (Ver figura 6.8).

Las ramas dorsal y ventral del lenguaje se relacionan íntimamente con estructuras involucradas en la articulación de la palabra y en las semántica fonológica (Hickok & Poeppel, 2004; Specht, 2013). Una rama dorsal de predominio motor, se extiende desde el lóbulo temporal del hemisferio izquierdo a través de áreas parietales inferiores conectadas al área de Broca en el cortex frontal inferior del hemisferio izquierdo (AB 44-45). En términos generales, el extremo inferior del giro precentral tiene una forma triangular, donde las células motoras especializadas en la articulación de la palabra, alcanzan el grado de sofisticación más notable de la evolución biológica en millones de años.

> La corteza auditiva asocia también la integración semántica y fonológica de lo que escucha.

La percepción auditiva de un referente fonológico-semántico, incluso orientado hacia el procesamiento léxico-semántico puede ser mapeada describiendo la rama ventral del procesamiento auditivo (Specht, 2013).

20.4 LA BIOLOGIA MOLECULAR DEL... ¡DEJARTE PICADO!

La predilección de ciertas personas por el chocolate, o su correspondiente aversión, puede estar involucrada con condicionamientos pavlovianos, o simplemente metabólicos. Considerado el anterior *lapsus culturalis*, es menester indicar que existen características de un gen autosómico llamado PTC (dependiente del ciclo bioquímico de la *Phenyl*-Tionin-Carbamida), que cuenta con un alelo recesivo y otro dominante, implicados en la facilidad para multidiscriminar sabores de alimentos que contengan, aunque sea en un mínimo, componentes químicos afines para ser identificados (Kim *et al*, 2003).

De allí que haya individuos que puedan diferenciar entre los endulzantes comerciales, el azúcar morena o el azúcar refinada, sin tener un entrenamiento previo. Y aún más común, se entiende por qué alguien no pueda comerse las verduras, y prefiera los sabores ácidos, al margen de sus requerimientos metabólicos. Es evidente que la solución para la afinidad por los refrescos de cola puede encontrarse en sustancias mínimas que condicionen la habituación y, sin embargo, los llamados «*supertasters*» refieren dificultad para distinguirlos entre sí, más aún porque sus sabores pueden estar modificados por la

> Los epicúreos *sommeliers*, o catadores de vino profesional y los críticos que califican el café *gourmet*, refinado y de gran excelencia, podrían tener marcadores genéticos que influyen en su prodigiosa memoria para distinguir las cualidades de la bebida.

temperatura al ser bebidos, o por el sitio de producción; aunque bien pueden reconocer si el envase es o no metálico. A razón de que la psicofísica es utilizada para evaluar los sucesos sensoriales y la capacidad perceptiva del individuo, ésta sería una de las herramientas de los neurocientíficos para llegar al sustrato de tan consumista tema, apoyados incluso por los equipos de imagen, que aún no se han probado contundentemente en humanos (*Cfr*. Cap 1).

Los cambios eléctricos, que dependen del impulso nervioso en terminales papilares, obedecen a concentraciones de átomos cargados negativa y positivamente (Gilbertson *et al*, 2000). En la gráfica 6.8 se observan las vías de transducción para cada uno de los estímulos saborizantes recibidos como unidad de impresión cajaliana. La despolarización que causan las papilas termina en modelos de liberación de neurotransmisores (Smith & Margolskee, 2001). Los sistemas de transducción en células papiliformes están dados por una proteína G, denominada Gustducina, que requiere de GTP para su funcionamiento.

> La despolarización neuronal en papilas se asocia a procesos exocíticos.

La necesidad imperante de demostrar su valor intrínseco para la transducción llevó a los científicos a utilizar ratones *knock-out* (a los que les quitaron el gen que codificaba para la gustducina), y de esa manera se pudo

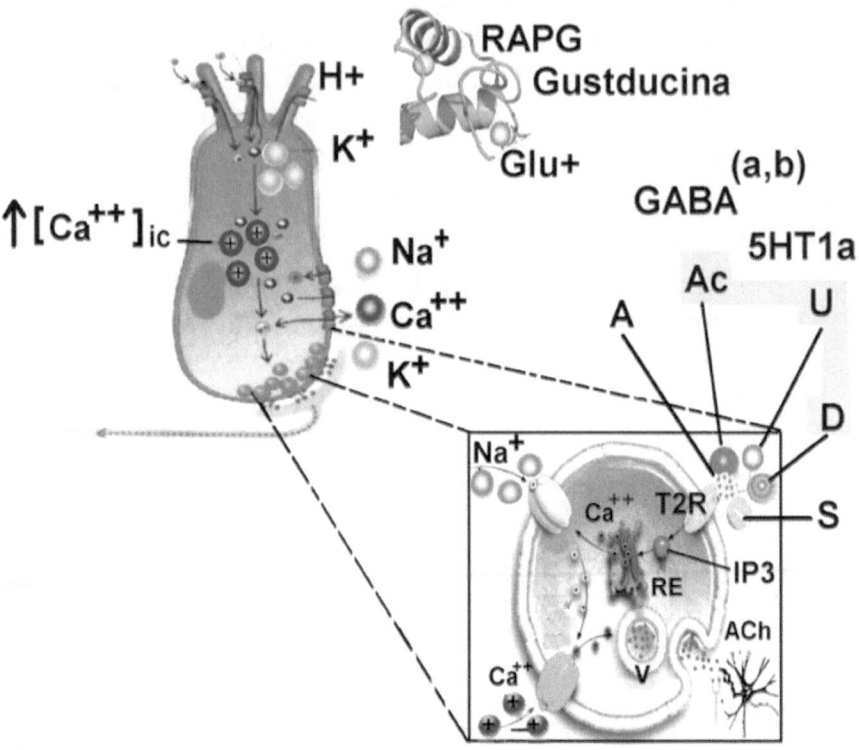

Fig. 6.8. Transducción de señales y segundos mensajeros en papilas gustativas. Los sabores dulce (D) y amargo (A), tienen mecanismos de Receptores Acoplados a la Proteína G (RAPG) conocida como Gustducina. El sabor *Umami* (U), sigue la vía del receptor-canal tipo NMDA asociado a Glutamato (Glu). El sabor salado (S) es mediado por canales de sodio (Na+) presentes en vellosidades, al igual que el resto de canales (K^+ y Ca^{+2}). El sabor ácido (Ac), requiere hidrogeniones (H+) para codificar el grado de acidez de las sustancias. El gradiente de concentración puede variar en K+ y Na+ dependiendo si es dulce o salado. Los sabores requieren de TRP (T2R), IP3 como segundo mensajero y se asocian a neurotransmisores como GABAa y GABAb, Serotonina (5HT1a) especialmente para Amargo, Dulce y Umami. **Abrev. RE**, Retículo Endoplásmico; Almacenador de Calcio Intracelular. **Ach**. Fibra Colinérgica. **V**. Vesícula sináptica A partir de Margolskee & Smith, 2001; Kinnamon & Finger, 2013.

evidenciar la importancia de los mecanismos envueltos en la señalización por segundos mensajeros en el reconocimiento del sabor (Wong GT *et al*, 1996). De igual forma, Nirupa Chaudhari y Stephen Roper aislaron el receptor NMDA, vinculado con el sabor *Umami* (Chaudhari *et al*, 2000) y los trabajos siguieron en la modalidad de demostrar la participación de receptores GABA a y b y de Serotonina, hasta ver la competencia del ATP, como estimulante de neurotransmisión en la transducción de señales (Kinnamon & Finger, 2013).

> Los receptores acoplados a neurotransmisores son cruciales en la integración cortical del sabor.

Con base en los experimentos electrofisiológicos pioneros que Carl Pfaffmann realizó en 1940, se ha planteado la hipótesis cualitativa papilar, señalando la existencia de una suerte de «sello de garantía» por el cual las células excitables son capaces de seleccionar el sabor según el patrón de actividad que éste desencadene en cada una de ellas (Smith DV & St. John SJ, 1999). Lo anterior es parte de la descripción de algunas cualidades de las neuronas, que fortalece las teorías de la TEN, donde cada neurona tiene su propia identidad, en este caso demostrando la habilidad epistémica de la selectividad, lo que indica toma de decisiones, así sea por afinidad sensorial, pero la realizan (Zambrano, 2012).

Finalmente, dentro de los sabores, encontramos el sabor picante, en el que encontramos la capsaicina, pero también asociada a canales y receptores específicos (vide infra). En síntesis, la nueva perspectiva del procesamiento del gusto, tiene ahora grandes cimientos moleculares. Los sabores dulce y *umami*, son mediados por proteínas G acopladas a receptor T1R1 y T1R2. Los sabores amargo por T2R; los ácidos y salados, por canales iónicos de sodio y por hidrogeniones (Chen et al, 2011).

20.4.1 LA CAPSAICINA Y SUS 43 GRADOS

> El sistema de quimio recepción sensorial, es fundamental en el procesamiento de sabores asociados a la capsaicina, la molécula que concede el sabor picante a los alimentos.

En cuanto al quinto par craneal, específicamente a nivel del núcleo trigeminal espinal, se encuentra el sistema de quimorrecepción sensorial (Ver Figura 6.5), el cual podría tener implicaciones de comportamiento, incluso con estados amplificados de la conciencia (*Cfr.* Parte V, Niveles de Conciencia y Cognición). Está compuesto por ramas nociceptivas trigeminales, del glosofaríngeo y del vago, que pueden ser activadas por irritantes amoniacales presentes en algunas sales; por el ácido ascético o vinagre, mentoles o alcohol, así como por la capsaicina, el componente incendiario del pimiento picante multicolor, chile, ají, y similares.

El complejo multisensorial tiene nexos ardientes con la cara, el cuero cabelludo, la córnea y las mucosas orales, conjuntivales y nasales, debido a la acción quimiotrigeminal, activada por las concentraciones de capsaicina en las vías del quinto par craneal. Es muy probable que la respuesta de algunas manifestaciones rubicundas se deban a la recepción de las papilas fungiformes, que están relacionadas con la *notochorda timpanii* del nervio facial; mientras que la vasodilatación periférica -de predominio histamínico-, extendida al pabellón auricular, puede originarse por la aferentación polimodal al núcleo trigeminal, lo que en ocasiones induce sensaciones de mareo. La broncoconstricción y el hipo son parte de la contribución del X par craneal.

> La capsaicina puede producir alteraciones mecánicas en músculos inervados por nervios craneales.

Este complejo peculiar, bastante recordado por quienes han tenido esa sensación, depende del umbral de las concentraciones de la sustancia ingerida, semejante al efecto inicial en bajas dosis que producen bebidas de alta graduación alcohólica como el vodka, tequila o mezcal.

Algunas variedades de *chile* contienen cualidades capsaicínicas diferentes y, por ende, concentraciones que activan los sistemas nociceptivos de las fibras "C" y "Aδ" parcialmente mielinizadas, llamados nociceptores polimodales, los cuales son del

> El interesante vínculo entre la capsaicina y los receptores a anandamida, involucrados con los sistemas de recompensa cerebral, considera la participación de canales TRP.

tipo vaniloide, sensibles a capsaicina (Jordt *et al*, 2003) y anandamida, un componente endógeno que también activa los receptores a tetrahidrocanabinol (Akopian et al, 2008) y que eleva la temperatura tisular local hasta 43°C (Szallasi & Blumberg, 1999). Estos receptores han sido clonados y categorizados dentro de la novel familia de los canales TRP[1] (Clapham DE, 2001; Montell, Birnbaumer *et al*, 2002) como canales TRPV1, activados por causas termodinámicas moleculares que motivan intercambio iónico de calcio dependiente de calmodulina y sodio. Han sido involucrados potentes bioactivos que inducen incremento termosensitivo, como la bradikinina y el NGF (Chuang *et al*, 2001), que dependen de actividad de segundos mensajeros como la fosofolipasa C, fosfatidil-inositol y PKC (Jordt *et al*, 2003), y se han realizado experimentos genéticos con ratones *knock-out*, los cuales, luego de serles retirado el receptor, fueron sometidos a una dieta de capsaicina con agua, modificando sustancialmente los efectos cálidos de la sustancia, a excepción de cuando les era inyectada, situación que les producía dolor y cuadros secretorios en las mucosas (Caterina *et al*, 2000).

Respecto de las influencia de los canales TRP, principales detectores de

---
[1] TRP: Por sus siglas en inglés: *Transient Receptor Potential*.

termosensación periférica en la codificación de los sucesos termoperceptivos que producen dolor, existen variedades de receptores para calores elevados (TRPV2), moderados (TRPV3) y tibios (TRPV4), así como para el dolor por frío, relativo al mentol y ligado a TRPM8, que también se asocia con estados oncológicos por aumento del metabolismo celular proveniente de proteínas tipo TGF, que requiere además de intercambiadores iónicos Na^+/K^+ dependiente de ATPasas (Clapham 2001, Jordt *et al*, 2003), aunque recientemente se ha demostrado que hay vías alternas que involucran también conductancias de potasio (Beltran et al, 2013).

Las reiteradas aplicaciones de capsaicina neuromodulan la actividad dolorosa despertada por las vías nociceptivas. Aunque el rango a la temperatura es activado entre 15 (TRPM8) y 43 grados centígrados por distintos receptores como el TRPV1, modificando respuestas vasomotoras (Nielsen et al, 2013); el contacto cutáneo con capsaicina, puede asociarse a péptido vasointestinal (VIP), sustancia P y somatostatina. Ante tal ardor, se sugiere, el uso de soluciones coloidales, las que también se usan para quitar dolores artríticos, ligados a neuritis herpéticas, mastectomía y neuralgia trigeminal.

> El ATP y los canales de potasio se involucran en el proceso papilar de integración de los sabores.

20.5 DISCRIMINACIÓN SENSORIAL

Las modalidades de registro somatosensorial se enfocan a la percepción de los estímulos propioceptivos (que comunican con las articulaciones y músculos de los miembros inferiores y superiores), nociceptivos, referentes a temperatura y dolor y, por último, al vinculado con la discriminación sensorial, el denominado tacto discriminativo.

En los eventos correspondientes al tacto discriminativo existen receptores con formas de adaptación (A) lenta (L) y rápida (R), a nivel profundo (P) y de superficie (S).

> En el procesamiento del tacto, existen cuatro finos receptores: dos a nivel profundo y dos a nivel superficial.

Los receptores superficiales, también llamados aferentes cutáneos, son el primer contacto de la piel con el mundo exterior, y se conocen como discos de *Merkel* (Adaptador Lento Superficial, ALS) y de *Meissner* (Adaptador Rápido Superficial, ARS), que responden al tacto de forma general. Los receptores profundos se denominan de *Pacini* (Adaptador Rápido Profundo, ARP), que responden a la vibración, y de *Ruffini* (ALP, Adaptador lento Profundo).

Los corpúsculos de *Meissner* y *Pacini* son adaptadores rápidos, esto quiere decir que detienen su patrón de disparo, casi inmediatamente después de percibir el estímulo. Los discos de *Merkel* y *Ruffini* son adaptadores lentos, nunca interrumpen su patrón de disparo y siempre están activos como si existiese un estímulo constante.

Tanto los adaptadores de la piel lentos como los rápidos se conectan a los receptores de neuronas talámicas, que se acoplan a las áreas 3a y 3b en la corteza somato-sensorial primaria (S1), proyectando sus axones a la corteza sensorial secundaria (S2). Algunas células talámicas se proyectan desde la corteza parietal posterior (AB 5 y 7), y también reciben información de la S1 (corteza sensorial primaria).

> La función de los adaptadores lentos y rápidos es integrar inputs sensoriales en corteza cerebral

Los estudios psicofísicos que investigan los adaptadores lentos y rápidos de la tarea somato-sensorial se enfocan a las situaciones que subyacen a la percepción de las sensaciones vibro-táctiles.

Para evaluar el desempeño de los receptores cutáneos, los analistas se apoyan en la psicofísica como una disciplina que les permite evaluar las respuestas implicadas en la percepción, al ser recibidas en las cortezas sensoriales de un modo cuantificable por unidades físicas.

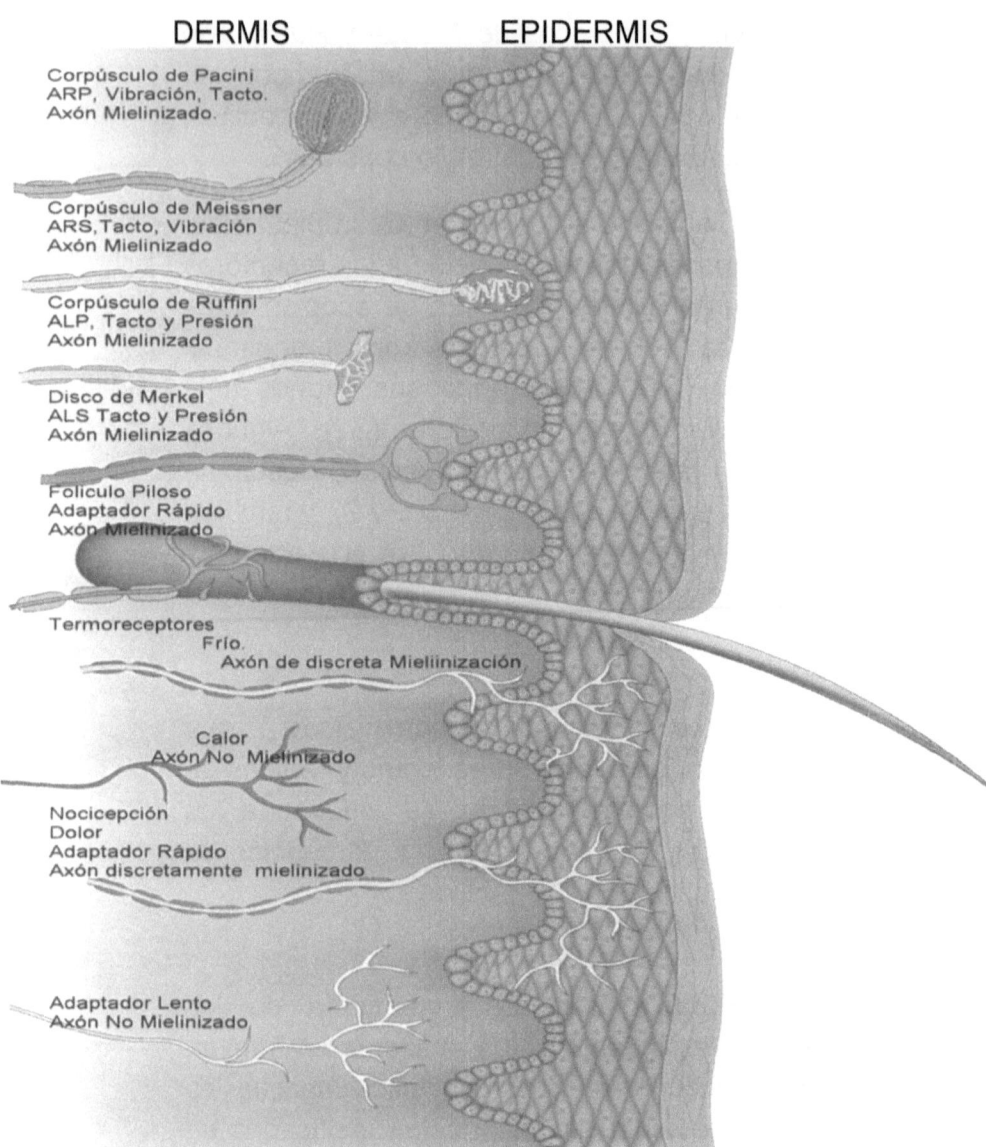

Fig. 6.9 Receptores Cutáneos. ARS, Adaptador Rápido de Superficie (Meissner). ARP, Adaptador Rápido Profundo (Pacini). ALS, Adaptador Lento de Superficie (Merkel). ALP, Adaptador Lento Profundo. (Ruffini) Modificado de Mathews, 2001.

20.5.1 LOS CAMPOS RECEPTIVOS.

Una característica de la discriminación sensorial a nivel de los corpúsculos implicados en el tacto es que los campos receptivos pueden ser excitatorios, de índole cortical, e inhibitorios. Ésta puede ser retardada y depende de acciones sinápticas; por ejemplo, el efecto excitatorio tras un estímulo puede desencadenar una inhibición en el centro de un campo receptivo. Tal inhibición es grande, aunque disminuye a medida que se acerca a la periferia.

> Para comprender el procesamiento senso perceptivo, se requiere del concurso ineludible de la psicofísica.

Las áreas más sensibles al tacto (la lengua y las yemas de los dedos) están mediadas por la actividad receptora de los adaptadores de superficie ALS y ARS. El número de receptores por unidad de área es relativamente pequeño con respecto de la extensión de la piel. No obstante, en los humanos, las yemas de los dedos llegan a tener cerca de 2,500 receptores por cm^2. De éstos, sesenta por ciento (1,500) está formado por corpúsculos superficiales de *Meissner*, 750 de *Merkel*, y el diez por ciento restante se divide entre las células de *Pacini* y de *Ruffini*, distribuidas en el tejido profundo. Estos receptores son inervados por un promedio de 300 axones x cm^2, debidamente mielinizados. Por ejemplo, cada fibra aferente conecta cerca de 20 corpúsculos de *Meissner*, y cada uno de ellos recibe entre dos a cinco fibras. Para resumir, a cada cm^2 de la yema de los dedos le pueden llegar sensaciones de un cúmulo de fibras nerviosas, lo que en otros términos indica que una sola célula podría percibir un número impresionante de sensaciones diferentes, ¡por estímulo!

Recordemos que la psicofísica, en resumen, conjunta circunstancias mentales y las traduce en magnitudes físicas, explicando de tal manera, cualquier función cerebral superior desde el punto de vista físico. Con el modelo de la presencia de los corpúsculos de *Meissner* en un centímetro cuadrado de las yemas de los dedos, podemos comprender mejor la interacción de la psicofísica en el desempeño sensorial. Si suponemos que cada célula de *Meissner* recibe 5 fibras aferentes -esto es, que registran indicación de un estímulo somato-sensorial, como las sensaciones vibrotáctiles-, tendremos 100 sensaciones vibratorias por corpúsculo. Si en un cm^2 encontramos 1.500, el resultado es de 150.000 (ciento cincuenta mil) estímulos vibrotáctiles listos para ser discriminados por un solo estímulo perceptivo.

Los primeros experimentos que llevaron a los conocimientos básicos de la función de los adaptadores superficiales y profundos se basaron en el principio de que la percepción táctil podía ser identificada mediante el denominado sentido de la vibración. A este respecto, los científicos

> Un receptor sensorial de piel, puede discriminar más de 150 mil estímulos por cm^2

explicaron, mediante la contundencia de la psicofísica experimental, el caso de la correspondencia existente entre las aferentes mecanorreceptivas y su procesamiento cortical, tanto en humanos como en primates (Talbot *et al*, 1968).

Otro de los hechos más interesantes de la psicofísica aplicada a la discriminación táctil, es una serie de experimentos enfocados únicamente a los campos receptivos, y su relación principalmente con los adaptadores lentos en las labores de representación neural de las superficies. La manera como el cerebro discrimina las texturas de los objetos depende de la tasa de disparo neuronal presente en los adaptadores de superficie. Tanto los ALS, células de *Merkel*, como los adaptadores rápidos, corpúsculos de *Meissner*, demostraron tener patrones de disparo, mientras que las células de *Pacini*, en el tejido profundo, no mostraron ninguna (Phillips *et al,* 1988). Los hallazgos de sus experimentos dieron una aproximación muy real a la comprensión de las funciones que median la actividad receptora superficial de los adaptadores de *Merkell* y *Meissner* en modelos similares a la lectura *Braille*.

> Los adaptadores superficiales son las herramientas neurales que permite a los invidentes realizar su lectura en *Braille*.

El mecanismo de adaptación que codifica la discriminación táctil fina percibe las texturas, y sirve a los invidentes para interpretar el método *Braille* al realizar tareas

Mecanoreceptores

de lectura. Esto se realiza por una técnica de interpretación recíproca, en la que el ejercicio táctil se lleva a cabo de forma bimodal, ya que tiene dos puntos de discriminación y finalmente es elaborado a nivel del giro postcentral cortical. He aquí el análisis práctico más sorprendente desde el punto de vista experimental, inherente a la función de discriminación sensorial.

Las células superficiales encargadas de la discriminación táctil (ALS y ARS), con mecanismo de adaptación lenta y rápida, y presentes en el área 3b, en el sulcus central, y 1 (somatosensorial primaria), tienen funciones de sincronía con la orientación y velocidad del estímulo, en este caso mecánico.

Durante los experimentos clásicos que conllevaron a la comprensión de los fenómenos de discriminación durante la lectura en *Braille*, los científicos reportaron la presencia de magnitudes vectoriales, que representan la orientación de las señales táctiles de las letras con variación en la forma y el tamaño en S1. De igual forma, los adaptadores lentos, en este caso los discos de *Merkel*, demostraron dar una resolución amplia de lo percibido. Ello se inserta en la teoría planteada por Mountcastle sobre la interpretación recíproca, y sugiere que el barrido debe hacerse bimodal y no en una

> Los adaptadores lentos y rapidos de superficie, ayudan a entender dinámicas corticales de inputs mecanosensoriales.

sola dirección (Phillips *et al*, 1988, Johnson *et al*, 1995).

Los receptores sensoriales y las neuronas sensoriales primarias se conectan en paquetes celulares en el núcleo de la columna dorsal y en el tálamo, que recibe señales sólo para determinada submodalidad, de preferencia táctil. Este relevo talámico proyecta dicha modalidad a la corteza. La células presentes en estas distintas vías de mecanorreceptores tienen dinámicas específicas de respuesta, determinadas por la especialidad, lenta o rápida, del receptor. Los adaptadores lentos dan una resolución amplia de lo que se está transformando, debido a que, en sentido figurado, se toman tiempo para llegar a la corteza cerebral, y están en permanente actividad de patrón de disparo neural.

> Las áreas somato sensoriales primaria y secundaria, localizan las magnitudes espaciales y tridimensionales de los objetos.

La importancia de las últimas etapas de procesamiento tálamo-cortical refleja la habilidad de las células especializadas ASL y ASR para detectar rasgos de alta discriminación sensorial y fundamenta un clásico mecanismo operativo-integrativo del sistema nervioso (Darian-Smith, 1982).

Lo anterior obedece al episodio de convergencia de las modalidades nociceptiva, propioceptiva y táctil. Esto está influido por la capacidad de respuesta neural al estímulo sensorial y el tamaño de los campo receptivos antes descritos. Los fenómenos de conciencia, en referencia corporal propioceptiva, y del entorno espacial del individuo, que otorgan los relevos espino-tálamo-corticales, dependen de la capacidad mecanorreceptora para discriminar estímulos termoestésicos, algésicos y de tacto superficial, además de la capacidad que tiene el encéfalo de conocer las propiedades de las yemas de los dedos para comunicarse con el exterior.

Todo este conjunto de procesamientos, está vinculado con la percepción tridimensional que se tiene para identificar los objetos y discriminar su dirección cuando rozan la piel. Dicha situación, conocida como estereognosia, interesa corticalmente de forma preferente a S1 y S2 (cortezas somatosensoriales primaria y secundaria, respectivamente), y no a las áreas 3a y 3b de *Brodmann* (Iwamura et al, 1985). En otras palabras, las áreas sensoriales primaria y secundaria (S1 y S2) tienen un proceso independiente, mientras las zonas 3a y 3b, son responsables de la convergencia que brinda la coordinación motora, indispensable para garantizar los movimientos finos de los dedos. Es decir, lo que se requiere mínimamente (aunque sólo inicial y en forma táctil) para colocar los dedos sobre un teclado y discriminar sensorialmente en milisegundos, comandos sofisticados de discriminación.

> Por estereognosia, el cerebro puede localizar sensaciones cercanas a su entorno.

Ontogenia de los Sentidos

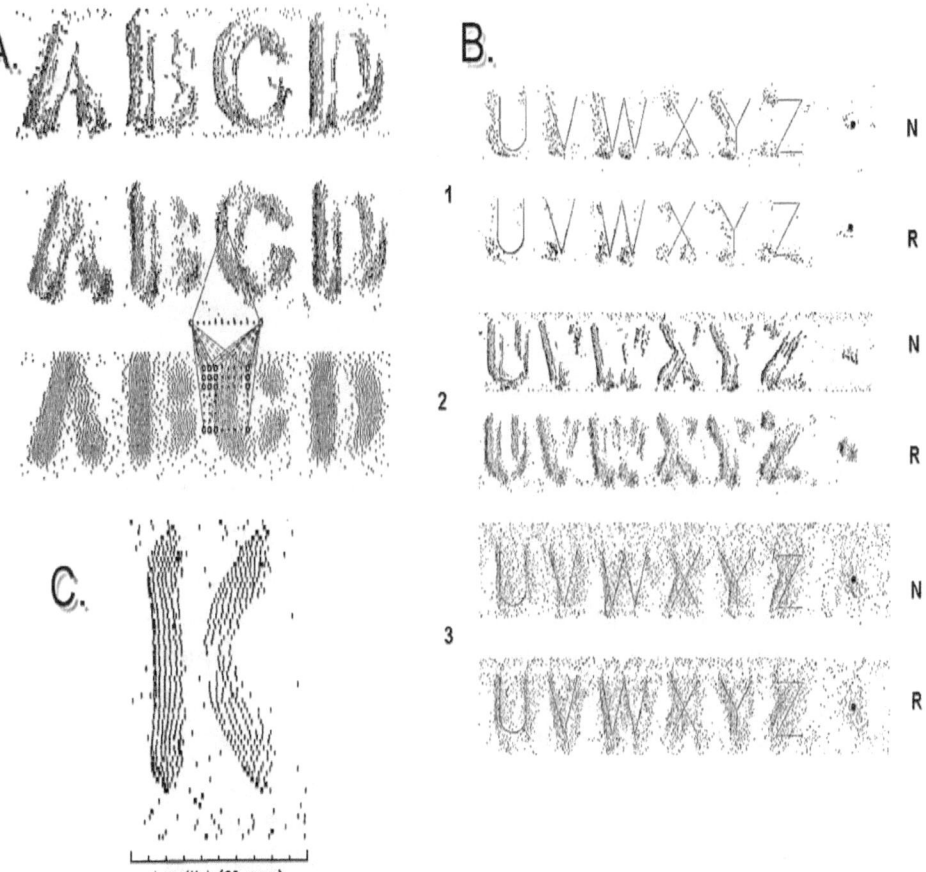

Fig 6.10 Mecanismos Neurales de Reconocimiento Táctil. En **A**, el método de entrenamiento de una red neuronal especializada en procesamiento somatosensorial. La respuesta de una fibra periférica sensorial a las primeras letras del abecedario, es alimentada bidimensionalmente (6 x 6 mm) representando un módulo aferente en el espacio digital sensible. La actividad es propagada a través de cero, uno y dos capas de nodos intermedios, hacia el nodo de salida de información (la gráfica solo muestra una capa). Por mecanismos de retropropagación, se puede comprender el proceso de aprendizaje de una red para reconocer detalles táctiles que ocasionan respuestas corticales. En **B.** Tres Respuestas diferentes en área 3b de los adaptadores lentos rastreando las últimas letras del abecedario. Se comparan redes de retroalimentación que contienen dos capas de nodos intermedios entre el ingreso y salida de información. Nótese la participación de neuronas por respuesta específica (N), respecto al procesamiento de aprendizaje en una red (R) (Modificado de Johnson *et al*, 1995). En **C**, Reconstrucción Espacial, tipo *Braille*. La gráfica ilustra localizaciones del impulso (1 mm de señal c/20 mseg) en un evento de reconstrucción espacio temporal. La letra "K" mide 8 mm y tiene un relieve de 500 micras. Para el experimento, fue barrida 64 veces de derecha a izquierda por los campos receptivos de los ALS en área 3b sensorial del *sulcus* parietal del primate a 50 mm/seg. (Modificado de Phillips *et al*, 1988).

> Los movimientos de alta precisión en nuestros dedos son procesados en áreas 3a y 3b de la corteza somato sensorial.

Las tareas de interpretar una obra maestra de piano, o escribir a máquina, requieren de actividades más complejas de coordinación de las funciones cerebrales superiores, que podrían tener nexos con la memoria -en curso de milisegundos por estímulo- y a otras vías sensoriales como la auditiva, al igual que a patrones todavía más interesantes, que se revisarán en la sección referente a la representación de la imagen mental.

Una de las hipótesis que se acerca a la comprensión de esta singular fenomenología perceptual y de organización sensorial obedece al hecho de que se incrementan los campos receptivos de estas neuronas respecto de los estímulos previos. Esto implica que, cuanta más experiencia sensorial, mayor será la capacidad de discriminación táctil. En términos operativos, las células nerviosas de S1 y S2, que se activan por los movimientos dactilares en referencia a un blanco, tienen una probable participación en la discriminación tridimensional de los objetos. Además, las neuronas del sulcus parietal, localizadas en áreas 3a y 3b, contribuyen con preciada información a la corteza sensorial primaria (S1), pese a que sus campos de vinculación corresponden al cuarenta por ciento de la superficie falángica de una mano (Iwamura *et al*, 1985).

Un segundo procedimiento experimental utilizado por este grupo de investigación radicó en la aplicación de un inhibidor de la transmisión sináptica, agonista del neurotransmisor del ácido γ-aminobutirico (GABA) en la corteza sensorial secundaria (S2), alterando por completo el desempeño del motor fino del área contralateral del hemisferio en el que fue aplicado el muscimol.

Los primates a los que se inyectó la sustancia inhibidora presentaron una gran incapacidad para manipular objetos pequeños dentro de un recipiente, lo que bajo condiciones normales conseguían con notable eficiencia (Hikosaka *et al*, 1985).

> El estudio profundo de la corteza premotora ventral, devela interesantes misterios de la neuro biología del intelecto.

La corteza premotora ventral (CPV) posee campos sensoriales y motrices (Kakei, 2001; Rizzolati & Lupino 2001), y también está involucrada en los mecanismos de procesamiento de la información sensorial y de los fenómenos vibrotactiles (Romo *et al*, 2004). Su inactivación afecta el desempeño de las tareas sensoriomotoras (Fogassi *et al*, 2001). El patrón que se sigue para cumplir esta transformación y dirigir un estímulo hacia la corteza se logra por medio de conexiones aferentes sensoriales de las cortezas sensorial parietal y de asociación prefrontal, al igual que mediante proyecciones eferentes hacia áreas motoras del lóbulo frontal y médula espinal, además de participar las estructuras subcorticales (Mc Farland & Haber, 2000).

> ¿Es la decodificación sensorial, un evento neuronal epistémico?

Estos eventos de percepción somatoestésica, así como los actos de toma de decisión de las vías sensoriales del sentido táctil (Romo et al, 2012), tienen dispositivos modulares de procesamiento que ya se han enunciado (Mountcastle, 1957; Romo & Salinas, 2001), integrando patrones de decodificación mayormente tálamo-cortical (Vázquez et al, 2013). La distribución columnar que sigue el modelo de la discriminación sensorial de alto orden se analiza a fondo, en el capítulo correspondiente al procesamiento paralelo.

EXCERPTA SUCINTA

- La especialización sensorial en cada una de sus modalidades, inicia desde edades muy tempranas de la embriogénesis.

- La capacidad que tiene el ser vivo para percibir el entorno se debe a receptores sensoriales.

- La única vía neural que no tiene procesamiento neocortical es la olfativa, ya que tiene su propia corteza, la entorrinal.

- En la vía visual, se han detectado procesos de transducción que oscilan la mil billonésima fracción de un segundo (1×10^{-15} S).

- La biología molecular y la psicofísica son las disciplinas científicas fundamentales para comprender los interesantes fenómenos que existen en la discriminación sensorial.

86

Literatura Fundamental y Sugerencias Bibliográficas.

Akopian AN, Ruparel NB, Patwardhan A & Hargreaves KM (2008). Cannabinoids desensitize capsaicin and mustard oil responses in sensory neurons via TRPA1 activation. J Neurosci. 28(5):1064-75.

Beltrán LR, Dawid C, Beltrán M, Gisselmann G, Degenhardt K, Mathie K, Hofmann T, Hatt H (2013). The pungent substances piperine, capsaicin, 6-gingerol and polygodial inhibit the human two-pore domain potassium channels TASK-1, TASK-3 and TRESK. Front Pharmacol. Nov 18. (4):141.

Carleton A, Accolla R & Simon SA (2010). Coding in the mammalian gustatory system. Trends Neurosci. 33:326-34.

Chen X, Gabitto M, Peng Y, Ryba NJ & Zuker CS (2011). A gustotopic map of taste qualities in the mammalian brain. Science. 333(6047):1262-6.

Cheung MC, Jang W, Schwob JE & Wachowiak M (2014). Functional recovery of odor representations in regenerated sensory inputs to the olfactory bulb. Front Neural Circuits. Jan 7. (7):207.

Choi GB, Stettler DD, Kallman BR, Bhaskar ST, Fleischmann A & Axel R (2011). Driving opposing behaviors with ensembles of piriform neurons. Cell. 146(6):1004-15.

Craig AD (2009) How do you feel--now? The anterior insula and human awareness. Nat Rev Neurosci. 10:59-70.

Hickok G & Poeppel D. (2004). Dorsal and ventral streams: a framework for understanding aspects of the functional anatomy of language. *Cognition* **92, 67–99.**

Hudspeth AJ (1985) The cellular Basis of hearing. The biophysics of hair cells. Science 230:745-52

Jordt SE, Mc Kemy DD & Julius D (2003) Lessons from peppers and peppermint: The molecular logic of thermosensation. Curr. Op. Neurobiol. 13:487-92.

Kukura P, McCamant DW, Yoon S, Wandschneider DB & Mathies RA (2005). Structural observation of the

primary isomerization in vision with femtosecond-stimulated Raman. Science. 310(5750):1006-9.

Kinnamon SC & Finger TE (2013). A taste for ATP: neurotransmission in taste buds. Front Cell Neurosci. Dec 18. (7):264.

Mombaerts P (2006) Axonal wiring in the mouse olfactory system. Annu Rev Cell Dev Biol 22: 713–37.

Murrell W, Bushell GR, Livesey J, McGrath J, MacDonald KP, Bates PR, Mackay-Sim A (1996). Neurogenesis in adult human. Neuroreport. 7(6):1189-94.

Nin F, Reichenbach T, Fisher JA & Hudspeth AJ (2012). Contribution of active hair-bundle motility to nonlinear amplification in the mammalian cochlea. Proc Natl Acad Sci U S A. 109(51):21076-80

Price, C. J. (2012). A review and synthesis of the first 20 years of PET and fMRI studies of heard speech, spoken language and reading. *Neuroimage* 62, 816–847.

Robishaw JD (2012). Preferential Assembly of G-αβγ Complexes Directed by the γ Subunits. Subcell Biochem. 63:181-91.

Romo R, Lemus L & de Lafuente V (2012). Sense, memory, and decision-making in the somatosensory cortical network. Curr Opin Neurobiol. 22(6):914-9.

Sommer ME, Hofmann KP & Heck M (2014). Not just signal shut off: the protective role of arrestin-1 in rod cells. Handb Exp Pharmacol. 219:101-16.

Specht K (2013). Mapping a lateralization gradient within the ventral stream for auditory speech perception. Front Hum Neurosci. Oct 2;7:629.

Vázquez Y, Salinas E & Romo R (2013). Transformation of the neural code for tactile detection from thalamus to cortex. Proc Natl Acad Sci U S A. 110(28):2635-44

Zatorre RJ, Bouffard M, Ahad P & Belin P (2002) Where is *Where* in the human auditory cortex. Nat. Neurosci. 5:905-9. Publications.

BIBLIOGRAFIA REFERENCIAL
LIBRO CUARTO
(Lecturas Recomendadas y **Esenciales**)

Axel R. (1995) The molecular logic of smell Sci. Am. 273:154-59

Bamiou DE, Musiek FE & Luxon LM (2003) The insula and its role in auditory processing. Brain Res. Rev. 42:143-154.

Baylor DA, Hodgkin AL, Lamb TD (1974). The electrical response of turtle cones to flashes and steps of light. J Physiol. 242(3):685-791

Berkeley G (1710-1712) Three Dialogues Between *Hylas and Philonous* in Opposition to Sceptics and Atheists. The Harvard Classics, 1909-1914.

Buck LB (2000) The molecular architecture of odor and pheromone sensing in mammals. Cell 100:611-18

Burns ME & Baylor DA (2001) Activation, deactivation, and adaptation in vertebrate photoreceptor cells. Annu Rev Neurosci. 24:779-805.

Chaudhari N, Landin AM & Roper SD (2000) A metabotropic glutamate receptor variant function as a taste receptor. Nature Neurosci. 3:113-19.

Chuang HH, Prescott ED, König H, Shields S, Jordt SE & Julius D. (2001) Bradykinin and NGF factor release the capsaicin receptor from Ptdins (4,5)P2-mediated inhibition. Nature 411:957-62.

Cummings DM & Belluscio L (2008). Charting plasticity in the regenerating maps of the mammalian olfactory bulb. Neuroscientist. 14(3):251-63

Darian smith I. (1982) Touch in primates, Annu. Rev. Psychol.33:155-94

Einstein A. (1905). Zur elektrodynamik bewegter körper. Ann. Phys. 17:891-921.

Fesenko EE, Kolesnikow SS & Lyubarsky AL (1985) Induction by GMPc of cationic conductance in plasma membrane of retinal rod outer segment. Nature 313:310-313

Fogassi L, Gallese V, Buccino G, Craighero L, Fadiga L & Rizolatti G. (2001) Cortical mechanism for the visual guidance of hand grasping movements in the monkey –a reversible inactivation study. *Brain 124, 571-86*

Gilbertson TA, Damak S & Margolskee RF (2000) The molecular Physiology of taste transduction. Curr. Op. Neurobiol. 10:519-527

Gobbele R, Schurmann M, Forss N, Juottonen K, Buchner H, Hari R. (2003) Activation of the human posterior parietal and temporoparietal cortices during audiotactile interaction. Neuroimage. 20: 503-11

Graziadell PP & Graziadell GA (1979) Neurogenesis and neuron regeneration inthe olfactory system of mammals. I. Morphological aspects of differentiation and structural organization of the olfactory sensory neurons. J. Neurocytol. 8:1-18

Hikosaka O, Tanaka M, Sakamoto M, & Iwamura Y. (1985) Deficits in manipulative behaviors induced by local injections of muscimol in the first somatosensory cortex of the conscious monkey. *Brain Res. 325:375-80.*

Iwamura Y, Tanaka M, Sakamoto M, Hikosaka O (1985) Vertical Neuronal arrays in the postcentral gyrus signaling active touch: a receptive field in the conscious monkey. *Exp. Brain Res. 58:412-20*

Johnson KO, Hsiao SS & Twonbly IA (1995) Neural Mechanism of Tactile Form Recognition. Cit in: Gazzaniga M (1995) The Cognitive Neuroscience. MIT Press.

Kakei S, Hoffman DS & Strick PL (2001) Direction of action is represented in the ventral premotor cortex. *Nat. Neurosci. 4:1020-25*

Kandori, H., Shichida, Y., Yoshizawa, T. (1989) Absolute absorption spectra of batho- and photorhodopsins at room temperature. Picosecond laser photolysis of rhodopsin in polyacrylamide. Biophys. J. 56:453-59

Khoranna, H.G. 1988. Bacteriorhodopsin, a membrane protein that uses light to translocate protons. J. Biol. Chem. 263:7439-42

Kim UK, Jorgenson E, Coon H, Leppert M, Risch N, Drayna D. (2003) Positional cloning of the human quantitative trait locus underlying taste sensitivity to phenylthiocarbamide. Science. 299:1221-5.

Kuffler SW (1953) Discharge Patterns and functional organization of the mammalian retina. J. Neurophysiol. 16:37-68

Leon M & Johnson BA (2003) Olfactory coding in the mammalian olfactory bulb. Brain Res. Revs. 42:23-32

Lodovicchi C, Belluscio L & Katz LC (2003) Functional topography of connections linking mirror-simetric maps in the mouse olfactory bulbs. Neuron 38:265-76.

Lohse MJ, Benovic JL, Codina J, Caron MG, Lefkowitz RJ. (1990) beta-Arrestin: a protein that regulates beta-adrenergic receptor function. Science. 1990 Jun 22;248(4962):1547-50.

Loppnow, G.R. and Mathies, R.A. 1988. Excited-state structure and isomerization dynamics of the retinal chromophore in rhodopsin from resonance Raman intensities. Biophys. J. 54:35-43

Malnic B, Hirono J, Sato T & Buck LB (1999) Combinatorial receptor codes for odors. Cell 96:713-23

Marks, W.B., Dobelle, W.H. & Mc Nichol E.F. (1964). Visual pigments of single primate cones. Science 143:1181-83

Mc Farland NR & Haber SN (2000) Thalamic Relay nuclei of the basal ganglia form both reciprocal and nonreciprocal cortical connections, linking múltiple frontal cortical áreas. *J. Neurosci. 20:3798-3813.*

Mombaerts P, Wang F, Dulac C, Chao SK, Nemes A, Mendelsohn M, Edmonson J & Axel R (1996) Visualizing an olfactory sensory map. Cell 87: 675–86

Mombaerts P (2001). The human repertoire of odorant receptor genes and pseudogenes. Annu Rev Genomics Hum Genet. 2:493-510.

Montell C, Birnbaumer L, Clapham DE *et al* (2002) A unified nomenclature for tHE superfamily of TRP cation channels. Mol. Cell 9:229-31.

Mori K, Nagao H, Yoshihara Y (1999) The olfactory bulb coding and processing of odor molecule information. Science 286:711-15

Mountcastle VB (1957) Modality and topographic properties of single neurons of cat's somatic sensory cortex. *J. Neurophysiol. 4:1-24*

Mountcastle VB, Lynch JC, Georgopolus A, Sakata H & Acuña C (1975) Posterior parietal association cortex of the monkey command functions fro operations within extrapersonal space. J. Neurophysiol. 38:871-908.

Murphy GJ & Isaacson JS (2003) Presynaptic cyclic nucleotid gated ion channel modulate neurotransmission in the mammalian olfactory bulb. Neuron 37: 639-47

Nathans J. 1987. Molecular biology of visual pigments. Annu. Rev. Neurosci. 10:163-94

Nathans J. & Hogness DS (1984) Isolation and nucleotide sequence of the gene encoding human rhodopsin. Proc. Natl. acad. Sci. USA. 81:4851-55.

Nielsen TA, da Silva LB, Arendt-Nielsen L & Gazerani P (2013). The effect of topical capsaicin-induced sensitization on heat-evoked cutaneous vasomotor responses. Int J Physiol Pathophysiol Pharmacol. 5(3):148-60.

Novales Flamarique I (2011). Unique photoreceptor arrangements in a fish with polarized light discrimination. J Comp Neurol. 519(4):714-37

Phillips JR, Jones KO & Hsiao SS. (1988) Spatial pattern representation and transformation in monkey somatosensory cortex. Proc. Natl. acad. Sci. USA 85:1317-21

Poremba A, Saunders RC, Crane AM, Cook M, Sokoloff L & Mishkin M (2003) Functional mapping of the primate auditory system. Science 299:568-72

Purves D, Augustine GJ, Fitzpatrick D, Katz LC, Lamantia AS, Mc Namara JO, Williams SM (2001) Neuroscience. Sinauer Associates Inc, Publishers Sunderland Mass.

Raichle ME (2003) Functional brain imaging and human brain function. J. Neurosci. 23:3959-62

Ratto, G.M., Payne, R., Tsien, R.Y. (1988) The concentration of cytosolic free calcium in vertebrate rod outer segments measured with fura-2. J. Neurosci. 8:3240- 3246

Rader AJ, Anderson G, Isin B, Khorana HG, Bahar I, Klein-Seetharaman J. (2004) Identification of core amino acids stabilizing rhodopsin. Proc Natl Acad Sci U S A. 101:7246-51.

Rauschecker JP & Tian B (2000) Mechanisms and streams for processing of What and Where in auditory cortex. PNAS 97:11800-6

Reed RR (2003) The contribution of signalling pathways to olfactory organization and development. Curr. Op. Neurobiol. 13.482-86

Rizzolatti G & Lupino G (2001) The cortical motor system. Neuron 31: 889-901

Rolls ET & Bayliss LL. (1994) Gustactory, Olfactory and visual convergence within primate orbitofrontal cortex. J. Neurosci. 14:5437-5452.

Romansky LM & Goldman-Rakic PS (2002) An auditory domain in primate prefrontal cortex. Nat. Neurosci. 5:15-16

Romo R, Hernandez H & Zainos A (2004). Neuronal correlates of a perceptual decision in ventral premotor cortex. Neuron 41:165-173.

Romo R & Salinas E (2001) Touch and go: Decision making mechanisms in somatosensation. Annu. Rev. Neurosci. 24:107-137.

Sampath AP, Baylor DA. (2002) Molecular mechanism of spontaneous pigment activation in retinal cones. Biophys J. 83:184-93.

Schnapf, J.L. & Baylor, D.A. 1987. How photoreceptor cells respond to light. Sci. Am. 256 (4): 40-47.

Schoenlein RW, Chattopadhyay S, Chong HH, Glover TE, Heimann PA, Shank CV, Zholents AA, Zolotorev MS. (2000) Generation of femtosecond pulses of synchrotron radiation. Science. 287:2237-40.

Semple MN & Scott BH (2003) Cortical Mechanisms in Hearing. Curr. Op. Neurobiol. 13:167-73.

Smith DV & St. John SJ. (1999) Neural coding of gustatory information. Curr. Op. Neurobiol. 9:427-35.

Smith DV & Margolskee RF (2001) Making Sense of Taste. Sci. Am. 284 (3): 32-39

Stryer, L. (1987) The molecules of visual excitation. Sci. Am. 257 (7):42-50.

Szallasi A & Blumberg PM (1999) Vanilloid (capsaicin) receptors and mechanisms. Pharm. Rews. 51:159-212.

Talbot WH, Darian-Smith I, Kornhuber HH & Mountcastle VB (1968) The sense of flutter-vibration: comparison of the human capacity with response patterns of mechanoreceptive afferents from the monkey hand. J Neurophysiol. 31:301-34

Vassar R, Chao SK, Sitcheran Rm Nuñez JM, Axel R (1994) Topographic organization of sensory projections to the olfactory bulb. Cell 79:981-991.

Valle-Leija P, Blanco-Hernández E, Drucker-Colín R, Gutiérrez-Ospina G & Vidaltamayo R (2012).Supernumerary formation of olfactory glomeruli induced by chronic odorant exposure: a constructivist expression of neural plasticity. PLoS One. 7(4):e35358.

Von Helmholtz HLF (1877) On the sensations of tone as a physiological basis for the theory of Music. 2nd English Ed. NY Dover, 1954.

Wallace MN, Johnston PW, Palmer AR (2002) Histochemical ID. PF cortical area in the auditory region of the human brain. Exp. Brain. Res. 143:499-508.

Wald, G. 1968. The molecular basis of visual excitation. Nature. 1968: 219:800-7.

Wang Q, Schoenlein RW, Peteanu LA, Mathies RA, Shank CV. (1994) Vibrationally coherent photochemistry in the femtosecond primary event of vision. Science. 21:422-4.

Wang F & Axel R. (1998) Odorant receptors govern the formation of a precise topographic map cell 93: 47-60

Wong GT, Gannon KS & Margolskee RF (1996) Transducin of bitter and sweet taste by gustuducin. Nature 381:796-800.

Yau KW & Baylor DA (1989) Cyclic GMP-activated conductance of retinal photoreceptor cells. Annu. Rev. Neurosci. 12:289-327.

Zambrano Y (2012) Neuroepistemology. Phi Psi K'a Publishing, Co.

Zeki S (1993) A vision of the brain S. Zeki Blackwell Scientific, publication.

www.ingramcontent.com/pod-product-compliance
Lightning Source LLC
Chambersburg PA
CBHW022017170526
45157CB00003B/1269